Science of Computing

新版
コンピューティング科学

川合 慧 [著]

東京大学出版会

Science of Computing
Revised Edition
Satoru KAWAI
University of Tokyo Press, 2017
ISBN978-4-13-062142-7

新版まえがき

　2015 年頃から AI ブームがやってきました．AI は Artificial Intelligence,
つまり人工的な知能を意味しています．知能の厳密な定義は難しいのですが,
簡単に言うと,人間に似た振舞いを行う能力,ということになるのでしょう
か．AI の研究・開発は行動規則が明確に定まっているチェスや将棋のよう
な対戦ゲームから始まりましたが,近頃は人間の行動や判断のデータが大量
に得られる分野で進められています．このような分野では行動や判断の原理
や規則はわからなくても,結果として人間の振舞いに似た結果が得られるよ
うになってきました．ただしそのためには,人間行動の膨大な記録とそれを
解析するための気の遠くなるような量の計算が必要です．現代はこれらのこ
とが可能な時代になりました．そしてそこで実行される計算とその基礎理論,
計算機構の高度化などのための基礎となる学問が,本書で扱っているコン
ピューティング科学,あるいは計算科学なのです．

　文部科学省が定める学習指導要領（2018 年度に改訂）の中に小学生に対
するプログラミング教育が含まれました．プログラミング的思考,つまり組
織立った問題解決を行う能力を育成するのが目的ですが,この思考方法こそ
本書が扱っている内容に密接に関係しているものなのです．問題解決にあ
たって問題をモデル化し分析し部分問題に分割し,という流れこそ,この思
考方法に沿ったやり方なのです．

　この「新版」は旧版の内容をもとにして,放送大学の面接（対面）授業を
実施した中で得られた授業経験をベースとして作成しました．20 年を経過
していた旧版の内容について,主に計算機構および計算量の科学についての
内容を補強するとともに,問題解決の部分を改訂しました．また,時々刻々
と変化する社会との関係は触れるだけとする一方,最新の計算事情の紹介を
追加しました．

　AI 適用の代表格と言われている自動車等の自動運転のように,これまで

人間が行ってきたことを情報システムに置き換える場合には，社会的あるいは法律的な環境の整備が必須となります．思うように動かなかった場合などの責任の所在についての社会的合意の形成が必要です．さまざまな局面での倫理面も考える必要があります．このような一般的状況となりつつある中において，計算機科学関連の研究者・開発者ではない一般の人々にとっても，コンピューティングに関する基礎知識，基礎的素養が，この方面の事柄に関心を払うための素養となるのです．本書がそのための一助となることを願ってやみません．

　新版作成にあたって，旧版から原稿を起こし整理するとともに大量かつ細かな図版の作成をお願いした久保田しのぶさんと，新版の迅速な出版に力を尽くして頂いた東京大学出版会の岸純青氏に感謝を捧げたいと思います。最後に，新しい内容の推敲について直接的あるいは間接的に寄与して頂いた放送大学および東京大学の学生諸氏にも感謝いたします．

　　　2017 年 3 月

　　　　　　　　　　　　　　　　　　　　　　　　川 合　慧

初版まえがき

情報化に向けての社会の流れは，ますます強くなることはあっても，弱まる気配はまったくありません．科学技術優先の考え方に反省が生まれたり，分析的科学手法の限界が議論されたりしています．また，開発重視と効率最優先のゆき方に対しても，地球環境保全の立場からの批判が渦巻いています．このような，科学および技術が直面している種々の問題とは一線を画しているかに見えるのが，情報の科学・工学とその技術的アウトプットであるコンピュータおよび情報システムです．一線を画せるように見える最大の理由は，情報というものが，極論すれば人間が創造した抽象概念に過ぎないことにあります．もちろん情報処理機械の実現には物理的な材料とエネルギーとが必要ですが，その必要量は加速度的に小さくなってきています．50 年前に 150 キロワットを消費した計算が，現在では 1 ワットの何十分の 1 かで実行できます．所詮抽象概念ですから，資源や環境からは独立しており，"便利にする"ための努力にバリアーはない，というわけです．

それでは，この情報化の動きについては，専門家以外の人は何も知らずに安心して任せていてよいのでしょうか．身のまわりにある情報システムが快適に利用できさえすれば，それでよいのでしょうか．答は否だと思います．その理由は，再び情報の抽象性に求められます．われわれは，紙や電気やパンといった物理的実体をもつものだけで暮しているわけではありません．日々のニュース，電車の時刻表，多様な人間関係，各種の法律，などといった，まさに抽象的な事項に囲まれて生きています．そしてこれらの抽象事項への情報システムの適用が，"社会の情報化"の実質なのです．"情報化社会"の実体は，単に個々の便利なものの提供ではなく，社会を動かす基盤的な仕組みを変えてゆくことなのです．

本書は，東京大学教養学部における総合科目「計算機科学」を，筆者が 3 年間担当した経験をもとに作ったものです．教養学部では，1993 年度から

科目「情報処理」を文科生理科生を問わず必修としました．その理由は，上に述べた社会の情報化への対処の必要性です．これからの社会では，というより現在すでに，"情報"に対する基礎的な素養は，全社会人にとって必須です．このため入門的性格をもつ「情報処理」に対して，"情報"の科学・工学面および社会面の視野を広げる役目をもつ科目として「計算機科学」が設けられました．

　本書の構成は，情報の基本概念や表現，および処理を実現する方法を説明する部分（第1章～第4章），情報処理記述としてのアルゴリズムとその性質とを調べる部分（第5章～第7章），実用の情報システムに関わる部分（第8，9章），そして情報システムと社会との関係を考察する部分（第10章）となっています．それぞれの部分については，もっと詳しく解説した書物が他にもありますが，本書では，"コンピューティング"をこれらの各部分の縦糸とすることによって，総合的な理解が得られることを目的としました．また，より深い理解やコンピュータによる実践ができるように，各章末には練習問題を付しました．読者の皆さんに活用して頂ければ幸いです．

　本書をまとめるにあたっては多くの方々にお世話になりました．とくに，全体構成や細部の表現，話題の選択と議論の進め方について，計算機科学の専門家の立場から数々の貴重なご意見を頂いた東京大学教養学部の山口和紀助教授に，心からのお礼を申し上げたいと思います．また，学内テキストの段階における多数回の改訂と数多くの図の作成に取り組むために，UNIXマシンと格闘して頂いた研究室の磯久いづみさんと安藤美紀さん，整った形での迅速な出版に力を注いで頂いた東京大学出版会の山口雅己氏にも感謝を捧げます．最後に，鋭い質問や要望などによって内容の改善に寄与してくれた，「計算機科学」の受講生諸君にも感謝いたします．

　　　1995年1月

　　　　　　　　　　　　　　　　　　　　　　　　　　　川 合 　慧

目 次

新版　まえがき

初版　まえがき

第1章　情報処理　　　　1

1.1　モデルの世界 ……………………………………………………………… 1

1.1.1　問題のモデル化　1／1.1.2　身近なモデル　2／1.1.3　情報とモデル　3

1.2　情報処理とは ………………………………………………………………… 3

1.3　処理をする ……………………………………………………………………… 4

1.3.1　数を数える　4／1.3.2　やり方を工夫する　5／1.3.3　やり方を表す　9／1.3.4　数を蓄える　11

1.4　データを表現する ………………………………………………………… 11

1.4.1　数を表す　11／1.4.2　連続量を表す　13／1.4.3　文字を表す　14／1.4.4　関係を表す　15／1.4.5　黒白を表す　17

1.5　構造を扱う ………………………………………………………………… 18

1.5.1　データを構造化する　18／1.5.2　処理を構造化する　20／1.5.3　構造と処理　21

第2章　計算　　　　25

2.1　処理 ………………………………………………………………………… 25

2.2　数値の計算 ………………………………………………………………… 26

2.2.1　数の計算　26／2.2.2　精度と上限　26／2.2.3　数値演算と誤差　28

vi 目次

2.3 記号の計算 ……………………………………………… 29

2.3.1 記号とその列 29 ／ 2.3.2 記号の演算 30 ／ 2.3.3 記号の計算と式の計算 30

2.4 論理の計算 ……………………………………………… 32

2.4.1 複合的命題の真偽 32 ／ 2.4.2 真偽の演算 33

2.5 構造の計算をする ……………………………………… 34

2.5.1 構造の計算の要素 34 ／ 2.5.2 構造全体の扱い 36

第 3 章 情報量 39

3.1 情報とは何か …………………………………………… 39

3.2 情報の大きさ …………………………………………… 40

3.2.1 不確実さと場合の数 40 ／ 3.2.2 情報量の定義 41 ／ 3.2.3 確率と情報量 44

3.3 平均情報量 ……………………………………………… 45

3.3.1 集まり全体の情報量 45 ／ 3.3.2 エントロピー 47 ／ 3.3.3 事象の特定 47 ／ 3.3.4 表現量の圧縮と符号化 49

第 4 章 計算の実現 53

4.1 数と 2 進表現 …………………………………………… 53

4.1.1 数の表現 53 ／ 4.1.2 2 進表現 54 ／ 4.1.3 データの表現 54

4.2 計算の手順 ……………………………………………… 55

4.2.1 2 進数の計算手順 55 ／ 4.2.2 2 進数の計算回路 56

4.3 コンピュータの構成と性能 …………………………… 61

4.3.1 基本構成 61 ／ 4.3.2 コンピュータの性能と規模 65 ／ 4.3.3 コンピュータ構成の高度化 66

4.4 計算機械の発展 ………………………………………… 71

4.4.1 計算素子 71 ／ 4.4.2 スーパーコンピュータ 73 ／ 4.4.3 オペレーティング・システム 74

第5章 アルゴリズムとその表現　77

5.1 アルゴリズムと計算モデル ……………………………………………… 77

5.1.1 知能と情報処理　77 ／ 5.1.2 アルゴリズム　78 ／ 5.1.3 計算モデル　78 ／ 5.1.4 アルゴリズムの表現　79

5.2 アルゴリズムの記述 ……………………………………………………… 81

5.2.1 数と式　81 ／ 5.2.2 変数・代入・逐次処理　82 ／ 5.2.3 反復処理　83 ／ 5.2.4 条件判定処理　84 ／ 5.2.5 プログラムの部品化　85 ／ 5.2.6 再帰　88

5.3 アルゴリズムとその実行 ………………………………………………… 90

第6章 アルゴリズムと計算量　93

6.1 計算の手間 ………………………………………………………………… 93

6.2 計算量 ……………………………………………………………………… 94

6.2.1 計算の手間　94 ／ 6.2.2 問題の大きさ　95 ／ 6.2.3 問題解決と計算量　95

6.3 探索 ………………………………………………………………………… 96

6.3.1 日常における探索　96 ／ 6.3.2 高速探索　97

6.4 計算量のオーダ …………………………………………………………… 100

6.4.1 アルゴリズムの振舞い　100 ／ 6.4.2 計算量のオーダの意味　101

6.5 整列 ………………………………………………………………………… 102

6.5.1 恋人選び　102 ／ 6.5.2 整列のアルゴリズム　103

6.6 効率の向上 ………………………………………………………………… 105

6.6.1 非能率さの原因　105 ／ 6.6.2 無駄の発見　106 ／ 6.6.3 無駄の除去方法　107

6.7 高速整列 …………………………………………………………………… 107

6.7.1 高速化の原理　107 ／ 6.7.2 高速整列の計算量　109 ／ 6.7.3 分割交換整列　110

6.8 いろいろなアルゴリズム ………………………………………………… 112

6.8.1 文字列マッチング　112 ／ 6.8.2 最長共通部分文字列　113 ／ 6.8.3 動

viii　目次

的計画法　115

第7章　計算量の科学 　117

7.1　計算量の数理 ……………………………………………………… 117

7.2　多項式計算量 ………………………………………………………… 119

7.3　指数計算量 …………………………………………………………… 119

7.4　非決定的な計算 ……………………………………………………… 121

7.5　NP 問題 …………………………………………………………… 122

7.6　P と NP ………………………………………………………… 124

7.7　NP 完全問題 ……………………………………………………… 124

7.8　すべての問題は解けるか——計算可能性 ………………………… 126

7.8.1 データとしてのプログラム　127 ／ 7.8.2 停止判定プログラム　128 ／
7.8.3 自己矛盾プログラム　129

第8章　問題解決 　133

8.1　形式化 ………………………………………………………………… 133

8.1.1 名前をつける　133 ／ 8.1.2 記号化する　134 ／ 8.1.3 状態の形式化
135 ／ 8.1.4 論理による形式化　137

8.2　逆問題 ………………………………………………………………… 139

8.2.1 逆問題とは　139 ／ 8.2.2 逐次接近型の解き方　140 ／ 8.2.3 逐次接近
の高速化　141 ／ 8.2.4 逆問題の難しさ　142

8.3　問題の分割 …………………………………………………………… 144

8.3.1 少しずつ区切る　144 ／ 8.3.2 逐次分割する　145 ／ 8.3.3 構造的に分
割する　146 ／ 8.3.4 同型手順への分割——再帰分割　147

8.4　手順の導出 …………………………………………………………… 149

8.4.1 評価関数　149 ／ 8.4.2 局所最適戦略　151 ／ 8.4.3 限界値戦略　152

目次 ix

第 9 章　ソフトウェアとプログラム言語 　157

9.1　プログラムからソフトウェアへ …………………………… 157
9.1.1　プログラムの実用化　157 ／ 9.1.2　ソフトウェアの信頼性　160 ／ 9.1.3　プログラム言語と信頼性　163 ／ 9.1.4　言語による信頼性の向上　165

9.2　プログラムの形式的な扱い ………………………………… 168
9.2.1　プログラムの仕様　168 ／ 9.2.2　仕様の形式化　169 ／ 9.2.3　再帰と反復　171 ／ 9.2.4　ループ不変量　172

9.3　プログラム言語 ……………………………………………… 175
9.3.1　プログラミングと言語　175 ／ 9.3.2　プログラム言語の発展　175 ／ 9.3.3　言語の特殊化と汎用化　179

9.4　宣言的言語 …………………………………………………… 180
9.4.1　等式言語　180 ／ 9.4.2　宣言的記述と推論　182

第 10 章　情報システムとコンピューティング 　187

10.1　情報システムの諸要素 ……………………………………… 187
10.1.1　データベース　187 ／ 10.1.2　さまざまなメディア——音声と画像　189 ／ 10.1.3　数値の計算　190

10.2　情報ネットワーク …………………………………………… 191
10.2.1　通信　191 ／ 10.2.2　コンピュータネットワーク　192 ／ 10.2.3　インターネット　192 ／ 10.2.4　ネットワーク社会　195

10.3　計算力とその効果 …………………………………………… 196
10.3.1　計算力の増大　197 ／ 10.3.2　計算力の利用　197

10.4　コンピューティングの進む道 ……………………………… 201

付録　計算機械の歴史 …………………………………………… 203
索引 ……………………………………………………………… 209

第1章 情報処理

モデルの概念と計算・情報処理について，いくつかの身近な問題を例にとって調べる．最も基礎的な処理である計数から話を始め，データの表現，やり方の表現，関係の表現，データの構造化などについて，おもに文字列を扱う例題を見る．

1.1 モデルの世界

人間はさまざまな活動を行う．ここでは，情報の処理と科学という観点から人間の活動，とくに外界との相互作用を伴う活動について考えよう．そこでは，"モデル"という考え方が中心となる．

1.1.1 問題のモデル化

"活動"するためには，まず"問題の把握"が必要である．状況の理解，目的・副目的の設定，行動あるいは思考の指針作り，詳細な行動（思考）プラン作成，といったことを，活動目的の大小に応じて精密あるいは大づかみに，またあるときは無意識的に，われわれは行っている．この自分なりの問

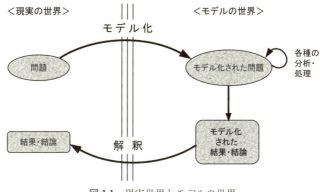

図 1.1　現実世界とモデルの世界

2 第1章 情報処理

題の把握のことを問題のモデル化と呼ぶ．モデルができた後は，このモデルを頼りに種々の操作を行う．この結果あるいは結論が出た段階で，"自分なりの把握"を逆に解釈して，現実の世界に適用することになる（図1.1）．

1.1.2 身近なモデル

しかつめらしく"モデル"という概念を説明したが，実はこの概念は，私たち人間の活動にとって非常に基本的なもので，身近な例には事欠かない．そのいくつかを示す．

(a) 金銭

お金とは何だろう．ふだん，何気なしに使っているものであるが，よく考えると不思議なものである．経済学の教えによれば，物々交換の時代から価値基準物を使用する時代を経て，ものの価値を象徴する"貨幣"の時代になった．実は，数値で表現できるものであれば，何でも金銭と同じ役目を果たすことができる．実際，われわれが金融機関で行う預貯金や決済は，そのすべてがコンピュータ内に表現された数値で管理されているのである．

(b) 時刻表

旅行の計画を立てるときには，あらかじめいろいろな列車に実際に乗ってみてから決めるわけではない．旅行計画にとって必要なのは列車の出発・到着の時刻であり，それは"時刻表"という形で前もって手に入るからである．われわれは時刻表に載っている数字の群を，あたかも現実の列車であるかのように扱って，到着時刻の調整や乗換えの計画を立てる．この場合，時刻表は現実の列車の運行を表現したものであり，その"表現の世界"で立てた計画に沿って現実の旅行を行うわけである．乗換案内といったソフトも，この表現の世界の中で働いている．

(c) 建築設計図

建物の建築では，いきなり材料を集めて建て始めるようなことは決してしない．まず全体のイメージを決めるためのスケッチ，次に外観や構造材の概略図，日照や影を調べるための立体図面，詳細設計図，といった各種の図面や立体模型を経たうえで，初めて実際の工事にとりかかる．この各種図面などは，現実の建築物をモデル化したものである．実際，詳細な設計図は現実の建築物と同等に扱われ，その複製は建築物そのもののコピーとみなされる．

1.1.3 情報とモデル

モデルの概念は，そのまま“情報処理”に適用することができる．一般に情報処理では

(1) 現実世界の対象をデータという形で“モデル化”する

(2) 現実世界での処理もデータの処理という形で“モデル化”する

(3) モデルの世界で，モデル化されたデータにモデル化された種々の処理を実行する

(4) モデルの世界での結果・結論を現実世界に適用する

という段階を経る．(2)と(3)では，もっぱらモデル化された対象を取り扱うので，現実世界の数々の制約にとらわれることなく，自由な問題設定や処理，およびその解析などを行うことができる．これを取り扱う学問分野は数多くあるが，とくにデータの処理・加工や解析およびそれらの性質を抽象的に論じるのが**計算機科学**（**computer science**）あるいは**計算科学**（**computing science**）と呼ばれる学問である．これに対して，データの処理・加工そのもののことは**情報処理**（**information processing**）と呼ぶ．

1.2 情報処理とは

本書では，情報処理の中核をなす学問である計算機科学を中心に話を進める．その前提という意味でも，“情報”や“処理”の内容をきちんと理解しておくことは重要である．情報そのものについては第3章で詳しく調べるが，その意味で特徴的なことは，それが“利用する側とその目的”に依存することである．これは，物理学や生物学などの自然科学で扱うものが“存在するものや現象そのもの”であるのと大きく異なる点である．処理の対象として，“情報”よりももっと中立的なものを“データ”と呼ぶ．そして，“処理”という漠然とした言葉よりも適切な用語として，**計算**（**computing**）が使われる．ここで“計算”というと図1.2のようなものを想い浮かべるかもしれない．しかし，これらは数値の計算や数学の記号計算という，きわめて狭い範囲の計算にすぎない．計算機科学や情報処理では，もっとずっと広い範囲の処理を扱う．

$$
\begin{array}{r}
1732 \\
\times\ 1414 \\
\hline
6928 \\
1732 \\
6928 \\
1732 \\
\hline
2449048
\end{array}
$$

$$\sum_{i=1}^{n} \int \frac{a_i x}{(x-p_i)^2} dx$$

$$+ \iint \sum_{n=1}^{\infty} \left| \frac{\sqrt{n+1}}{\pi} z^n - f_n(z) \right|^2 dxdy$$

図 1.2　数値・数式の計算

1.3　処理をする

1.3.1　数を数える

まず，最も単純で基本的な処理，つまり計算である．ものの数を数えることから始めよう．

Peter Piper picked a peck of pickled pepper;
A peck of pickled pepper Peter Piper picked;
If Peter Piper picked a peck of pickled pepper,
Where's the peck of pickled pepper Peter Piper picked?

Peter Piper from Mother Goose
The Random House Book of Mother Goose
(Arnold Lobel, 1991) より

この文章は早口言葉（tongue twister）の1つで，マザーグース（*Mother Goose*）にも収められている．早口言葉は，読んだときに発音しにくく作られている．それでは，この文章はどれくらい"読みにくい"ものなのだろうか．

読みにくさを表現するのに，「"生麦生米生卵"と同じくらいである」とか，「子猫の尻尾を踏んだような騒ぎである」といった文学的・感性的なやり方もあるが，ここではもっ

と分析的な方法を試してみよう．この文章が読みにくいのは，"ピ・パ・ペ"という音が頻繁に出てくるからであろう．そこでまず手始めに，"ピ・パ・ペ"に共通する子音字である文字 "p" の数を数えてみよう．発音を問題としているので，大文字と小文字は区別しないことにする．

ここで，気軽に「数えてみよう」と言ったが，ものの数を数えるという作業はそれほど簡単なものではない．少しきちんと考えると，次のようなことをやっている．

---

(1) 「数」の初期値を0にする．それから，
(2) 文章中のすべての文字について，
　　　　それが "p" または "P" であれば「数」を1増やす．
(3) 最終的な「数」が結果である．

このような集計では "正の字を書く" 方法がよく使われる．正の字が5画であることを利用して，探しているものを1個見つけるごとに線を1本書き足してゆき，正の字が完成したらまた新たな正の字を書いてゆく．

$$一 \to 丁 \to 下 \to 疋 \to 正 \to 正一 \to 正丁 \to$$

ここでの最終結果は

$$\underline{正正正正正正正一}$$

つまり36になる．この，ものの数を数えること（計数）は，単純な操作ではあるが，実は情報処理や計算機科学の基礎の中の基礎の1つでもある．

1.3.2　やり方を工夫する

文字 "p" の数は数えてみたが，全文字数に対するその値の比率がわからなければ何とも言いようがない．そこで今度は，すべての英文字の数を文字別に数えてみよう．このやり方としては，まず素朴な方法として，

---

(1) "a" を見つけながら数を数える．それから，
(2) "b" を見つけながら数を数える．それから，

6 第1章 情報処理

> (3) "c" を見つけながら数を数える．それから，
>
> $\vdots$
>
> (26) "z" を見つけながら数を数える．

というものが考えられる．"p" を数えたのと同じことを 26 回繰り返すわけ
である．このやり方を文字カウント 1 と呼ぼう．この方法は確かに単純では
あるが，明らかに能率が悪い．同じ文面を 26 回も繰り返し調べるのも気に
なるし，"x"，"y"，"z" といった，まったく出現しない文字に対してもやら
なければならない点にも改善の余地がある．

　何種類かのものの数を数えるという作業は，日常生活の中にもよく出現す
る．たとえば，生徒会や自治会の役員の選挙結果の集計がその例である．こ
の場合，A さんの票数だけを数えるために票を全部調べてから B さんの票
数調べに移り，それが済んでから C さんの票数調べに移り，というような
ことは，ふつうはやらない．全部の票を 1 票 1 票調べながら，それぞれの集
計を同時並行的に行ってゆく．この方法（文字カウント 2）を使ってみよう．

> (1) 文章中のすべての文字について，
>
> 　(1.1) それまでに出現していない新しい文字の場合
>
> 　　　　その文字用の場所を確保して "—" を描く
>
> 　(1.2) それまでに出現している文字の場合
>
> 　　　　その文字用の場所に描かれた "正の字の集まり"
>
> 　　　　に "1 を加える"

　実際にこれを実行した結果を図 1.3 に示す．予想どおり，"p" は他の子音
文字よりも圧倒的に多いことがわかった．

　このように，与えられたもの（この場合は冒頭の早口言葉）が同じで，結
果も同じであっても，その結果を得るためのやり方にはさまざまなものがあ
り得る．そして，あるやり方は素朴であるが能率が悪く，別のやり方は複雑
だが能率はよい，といったことが起こる．やり方について考える場合には，
それが正しい結果を与えることはもちろんであるが，それにどんな性質が要
求されているかを考える必要がある．たとえば，ここで示した集計の方法（文

字カウント 2）では，もとの文面中での文字の出現順に場所が確保される．その順番は

$$p-e-t-r-i-c-k-d-a-o-f-l-$$
$$w-h-s$$

である．このやり方では，出てこない文字に対する場所は不要なので，必要最小限の場所（15 個）ですんでいる．ところが，文字の場所は出現順に並ぶことになり，英文字についての順番 "$a, b, c,$ …, z" とは無関係であるので，"調べる文字に対応する場所が探しにくい" という別の問題点がある．集計結果の中で "a"，"b"，"c" の数を探してみると，それがよくわかる．もしも "場所の経済性" よりも "処理の速度" の方が大切なのであ

p	正	正	正	正	正	正	正	一
e	正	正	正	正	正	正		
t	正							
r	正	正	下					
i	正	正	下					
c	正	正	丁					
k	正	正	丁					
d	正	下						
a	下							
o	正							
f	正							
l	正							
w	下							
h	丁							
s	一							

図 **1.3** 文字カウント 2

れば，最初からすべての文字の場所を "英文字の順番に" 確保しておく方がよい．やり方は次のようになろう．

（1）"a" から "z" までに対応する 26 個の場所を用意する．それから，

（2）文章中のすべての文字について，

その文字用の場所に描かれた "正の字の集まり" に "1 を加える．"

このやり方を文字カウント 3 と呼ぼう．実行結果を図 1.4 に示す．

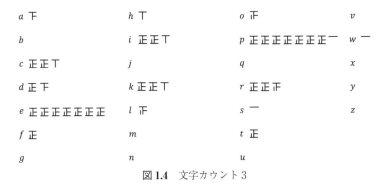

図 1.4 文字カウント 3

　最後のやり方では，特定の文字用の場所がすぐわかるので，結果も見やすい．しかし，出現しない文字（"b"，"g"，"j" など）にも領域を割り当てておかなくてはならない．また，探すものの種類の数（ここでは 26）が数万，数千万になる場合には，このような領域確保そのものが困難な場合もあり得る．以上 3 つのやり方は図 1.5 に示されたような関係となる．

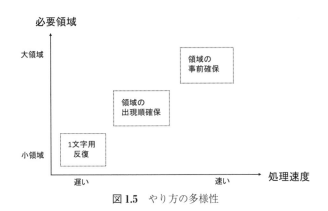

図 1.5　やり方の多様性

　上の図には，情報処理・計算機科学の基本的な事柄がいくつか含まれている．
　(1) 処理の方法は 1 通りではないこと
　(2) データの形を変えると計算方法も変わること
　(3) さまざまな評価基準があること

1.3.3　やり方を表す

これまでに出てきた文字の数を数えるやり方，つまり"処理手順"のことを**アルゴリズム**（**algorithm**，**算法**）という．アルゴリズムでは，やるべき手順がきちんとわかるように書かれていることが大切である．「ここは適当に…」とか「わからなければ頭を使え」とか言われても，"わからない人"は困ってしまう．

いろいろな手順について考えてみると，いくつかのパターンがあることがわかる．パターンとは，手順を構成している要素的な処理の組合せ方法である．おおまかには次の4種がある．

(a) **順番に処理する**：文字数のカウントのやり方の中に"それから"という言葉がたくさん出てくる

図 **1.6**　順番処理

が，それは，その前の処理をちゃんとやり終えてから次に続く処理にとりかかれ，ということを意味している．このパターンの一般形は

　　　処理 1　それから　処理 2　それから　…　それから　処理 n

となる（図 1.6）．

(b) **ある処理を反復する**：やり方の中で"すべての文字について"等々の指示があるが，これはその次に書かれた処理を（すべての文字について）反復して実行せよ，ということを意味している．このパターンの一般形は

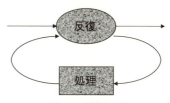

図 **1.7**　反復処理

　　　"すべての…について"　処理（をやる）

となる．先頭についている反復の指示は，もっと分解されることもある．たとえば

　　　"まだ調べていない…が残っている間"　処理（をやる）

といったぐあいである（図 1.7）．

(c) **ある処理をやったりやらなかったりする**：最初の"p を数える"やり方の中で，「それが"p"または"P"であれば…」という記述があった．また他のやり方の中にも，「それまでに出現していない…の場合」，「そ

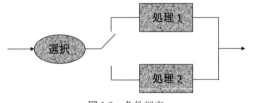

図 1.8 条件判定

れまでに出現している…の場合」というくだりがあった．このような指示は，その次に書かれた処理をやるための条件を示している．このパターンの一般形は，

　　　"…であれば" 処理（をやる）

となる．条件判定の結果は成立／不成立の 2 通りなので，2 つの処理から選択することも多い（図 1.8）．

　　　"…であれば" 処理 1 "そうでなければ" 処理 2（をやる）

(d) **他の処理を部品として再利用する**：すべての英文字の個数を数える素朴な方法では，"p" の数を数えるやり方を，"a"，"b" などに対して適用している．それも，詳しいやり方ではなく，"数を数える" というだけですましている．このように，あるやり方を表現するのに他のやり方を "部品" として利用することは，日常生活においてもよく行われ

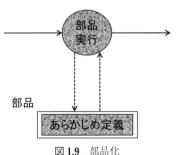

図 1.9 部品化

ている（図 1.9）．"1 時間の秒数を求める" やり方を説明するのに，いちいち九九まで分解することはしない．"電車に乗ってデパートへ買物に行く" やり方の説明では，使用する電車の路線や運賃などがわかれば（ふつうは）よく，自動券売機の使い方やホームへの上がり方まで説明しなくても（ふつうは）よい．

以上の 4 つのパターン，すなわち

　　　逐次処理，反復処理，条件判定処理，部品化

は，ほとんどすべての手順表現に現れる．また，これらのパターンを用いれば，ほとんどすべての手順が表現できる．

なお，一般的な議論では部品化は基本的なパターンには含まれない．部品を本体中に展開するのと同等だからである．本書では実際的なコンピューティングを把握する立場から，計算の記述に重要な役目を持つ部品化を基本

パターンに含めている．

1.3.4 数を蓄える

文字数を数える場合には，"正の字"を書く場所が必要であった．"p"に対応する場所には，最初は横棒1本が書かれ，次には縦棒が加えられ，その次にはまた横棒が加えられ，というぐあいに，表している数値が順に増加してゆく．ふつうの数

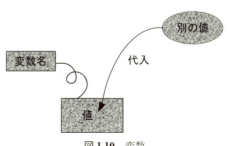

図1.10 変数

で表現した場合は1→2→3→…となり，それまでの値を消して1だけ大きな値に変えることが必要である．いずれにしても，特定の場所が表している数値が，処理の進行とともに変化してゆく．このように，値が保持できて，しかもその値を変更してゆくことができる"場所"のことを，情報処理の言葉では**変数**（**variable**）という．"場所"には名前をつけておくのがふつうで，これを**変数名**という．また変数に新たな値を覚えさせることを**代入**（**assignment**）と呼んでいる（図1.10）．

数学でも変数や代入という言葉を使用するが，数学の"変数"は値を表現する名前のようなもので，コンピューティングの用語ではパラメタ（parameter）に近い．また，数学の"代入"は変数を値や式で置き換える操作を意味していて，値を書き換えるということは表さない．

1.4 データを表現する

モデル化した世界でも，データは何らかの形で，"表現"する必要がある．ここではいくつかの種類のデータの表現を見る．

1.4.1 数を表す

数の扱いは，取り扱う数が大きくなるにつれて種々の工夫が必要となる．

12　第1章　情報処理

（a）代理記号の方法

"正の字"のやり方は，順に大きくなる数を"何かを書き加える"ことで表す方法で，個数を表す場合に適している．実際これは最も原始的な数の表現方法（representation）であり，漢数字の一，二，三，やローマ数字のI，II，III，などにその名残りをとどめている．しかしこの方法では，数が大きくなると書くのも読むのも大変になる．IIIIIIIIIIIIIIIIIIIII は何であろうか．"正の字"の方法でも同様であり，早口言葉の例の結果である"p"の数が36であることはわかりにくい．

そこで，特定の数を別の記号または文字で代用することが考えられた．漢数字の場合は四，五，六，七，八，九，十という文字があてられた．ローマ数字では5をV，10をXで表すだけで済ませ，あとの4，6，7，8，9はそれらの組合せで表現した．順にIV，VI，VII，VIII，IXである．総じてローマ数字の方が，"何かを書き並べる"というもともとのアイディアに忠実である．たとえば30は漢数字では三十，ローマ数字ではXXXである．

この考えを進めると，代用記号自体を何個か集めたものに対して，また別の代用記号が必要となる．漢数字では，このあとは百，千，万，億，兆，京，垓と続く．ローマ数字ではL（50），C（100），D（500），M（1000）などであり，2017はMMXVIIとなる．このほかにもR（80），E（250），Z（2000）といった変わったものもある．いずれにしても，これでは次々と代用記号を発明してゆかなければならない．

（b）位取りの方法

この問題を解決したのがアラビア数字の方式，すなわち位取りのやり方である．2022と書いた場合の3つの2は意味が違う．書かれた場所によって重みが異なるからである．左から順に，1000の2倍，10の2倍，そして（1の2倍である）2を表す．位取りのやり方と，"何もない"ことを示す記号"0"とによって，新たな代用記号の発明の必要はなくなった．

位取りの方法では，1桁ずれた場合に何倍になるかを決める必要がある．通常使っている方法では"10"は"1"の10倍である．これを10進法と呼んでいる．他には2進法や16進法などがよく使われている．

位取りの方式は非常に優れているが，欠点もある．数字の場所がずれると，表している数が大きく変化してしまう．数字の場所自体は数字列の中で決め

られるので，間違いの可能性も大きくなる．たとえば，

　　　1000000100000000　と　1000000010000000

でどちらが大きいかはすぐにはわかりにくい．現実の社会では，数の値が変わってしまうような間違いを防ぐために，3桁ごとにコンマを入れたり，先頭に通貨記号（"¥"，"$"など），末尾に単位記号（"円"など）をつけたりする．¥8,420,377.- というぐあいである．それでも位取りの方式は意図的な改変に弱く，小切手の金額の末尾の"円"を消してその代わりに",000"としたりする犯罪がときどき報道されたりする．

1.4.2 連続量を表す

　現実世界には，ものの長さや重さ，時間や速度といったような，個数とは無関係な量がある．たとえば，サイズ A4 の用紙の横幅は 210 mm と決められているが，実際の1枚1枚の紙の横幅は，210.2583 mm であったり 209.9462 mm であったりする．しかもこれらの数値は厳密なものではなく，細かく，すなわち精度よく測れば測るほどいくらでも多くの桁数が必要となる．このような性質をもつものを**連続量**と呼ぶ．これに対して，個数などのことを**離散量**と呼ぶ．

　現実の世界を取り扱う場合には，この連続量も扱う必要がある．しかしながら現実のコンピュータでは，無限に多い数字を扱うことはできない．したがって，だいたい近い数でもとの量を近似することになる．たとえば π で表される円周率の値は 3.14159265358... であるが，本当は無限の桁数を必要とする数である．したがっていくら多くの桁数を使って表したとしても，真の値との差である誤差が存在する．この誤差は，桁数を多くすればいくらでも小さくできるが，決して0にはできない．また，10進法で表現した3分の1は 0.33333333... であるが，"3"をいくら並べても正確な値とはならない．この誤差のせいで，近似表現をしている場合には，1を3で割った値に3をかけても1に戻らないという不思議な現象が起きる．

　この問題は，1.1節で見たモデル化に伴うもので，連続量（現実の世界）のモデルとして離散量（モデルの世界）を使っているので，厳密な計算（現実）と近似値を使った計算（モデル）が食い違っていることに起因する．計算結果をもともとの世界に適用する場合には注意が必要である．

14 第1章 情報処理

現実世界の値を扱うには，その大きさのばらつきにも対処する必要がある．たとえば，光の速度（約 299700000 m/s）や水素原子の半径（0.00000000005292 m）などといった，極端に大きかったり小さかったりする値がある．これらをそのまま表していたのでは，0 がやたらに多く必要で扱いにくい．そこでこれらの値を，0.1 ～ 10.0 ぐらいの値に 10 の何乗かをかけて表現する．光の速度は 2.997×10^8m/s，水素原子の半径は 5.292×10^{-11}m というぐあいである．コンピュータで連続量を表すのにもこの方法を使う．これを**浮動小数点数**（**floating point number**）といい，0.1 ～ 10.0 ぐらいの値である**仮数**とそれにかける数のべき乗値である**指数**との組で表す．光の速度は（2.997，8），水素原子の半径は（5.292，－11）というぐあいである．

1.4.3 文字を表す

われわれは非常によく "文字" を使う．数値の表現にも使えば音の表現にも使うし，"概念" の表現にも使う．このように多様な使い方ができる理由は，文字が単なる "記号" だからである．"A" とか "あ" という文字は，元来は単なる記号であり，それ自身は何の意味ももっていない．"アルファベットの最初の文字 "とか "「あかさたな」を表す母音の音" という意味は，他からつけ加えられたものである．

単なる記号であれば，それをさらに別のもので表現することが自由にできる．ローマ字の方式では，英字 1 文字または 2 文字で "ひらがな" や "かたかな" を表現する．逆に（少し苦しいが）"えい，びい，しい" というぐあいに，ひらがなで英字を表現することもできる．情報処理の世界では，これらの文字をひとまとめとして，数値（あるいは数値と同等なもの）で表現する，このような，表現のために用いられる数値（のようなもの）を**符号**（**コード，code**），文字用の符号を**文字符号**（**character code**）という．また，ひとまとまりの文字に対する符号の集まりを**文字符号表**（**character code table**）または**文字符号集合**（**character code set**）と呼ぶ．

欧米文化圏で使用する文字の数は，ふつうは 100 程度であり，文字符号表もふつうは 1 種類で済む．しかし他の言語圏，とくに中国語・日本語などでは文字数が最大数万にもなるので，この文字符号表を決めること自体が大変

な作業であった．それにも起因する形で，現在，日本文字用の文字符号表は数種類存在し，データの交換に支障をきたす原因となっている．たとえば，パソコンで普及している符号表（Shift-JIS）と普通のコンピュータで使用している符号表（JIS X 0213）とは異なるので，両者を混ぜて使う場合には変換が必要となる．

1.4.4 関係を表す

マザーグースには，次のようなものもある．

> *For want of a nail, the shoe was lost,*
> *For want of the shoe, the horse was lost,*
> *For want of the horse, the rider was lost,*
> *For want of the rider, the battle was lost,*
> *For want of the battle, the kingdom was lost,*
> *And all from the want of a horseshoe nail!*

"風が吹けば桶屋が儲かる"式の話であるが，因果関係の連鎖が面白い．この因果関係に注目できるような表現について考えよう．それぞれの節は"X がないので Y がダメになった"という内容である．

> *For want of a* nail *, the* shoe *was lost,*

ここでの *nail* と *shoe* の関係を "*want-lost* 関係" と呼ぶことにしよう．これを図で表すと図 1.11 のようになる．

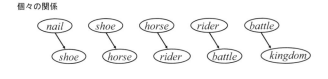

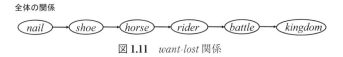

図 **1.11** *want-lost* 関係

この図は人間にとってはわかりやすいが，このデータをもとにさらに何か

の処理をする場合には，文字の形で表しておいた方が扱いやすい．

　　　want-lost (*nail, shoe*). 　*want-lost* (*shoe, horse*).
　　　want-lost (*horse, rider*). 　*want-lost* (*rider, battle*).
　　　want-lost (*battle, kingdom*).

これは，"*nail* と *shoe* は *want-lost* 関係にある" などと読む．*want-lost* のような，2つの間の関係のことを **2項関係**（**binary relation**）という．夫婦関係，共生の関係など，2項関係はごく一般的なものである．数値の間の関係（より大きい，等しい，など）も2項関係である．同じようにして3項関係（例：両親と子ども）などの多項関係が定義できる．

　2項関係にしておくと，これを組み合わせることによってもっと複雑な関係を表すことができる．例として親子関係 *parent-child* (p, c)，すなわち "p と c は *parent-child* 関係にある" を考えよう．意味としては，"p は c の親である" または "c は p の子である" となる．これも2項関係であるが，全体としては1列に並ぶとは限らない．以下にその一例を示す．

　　　parent-child (乙姫，金太郎). 　*parent-child* (浦島太郎，金太郎).
　　　parent-child (浦島太郎，一寸法師). 　*parent-child* (浦島太郎，親指姫).
　　　parent-child (一寸法師，桃太郎).
　　　parent-child (一寸法師，スーパーマン).
　　　parent-child (親指姫，スーパーマン).

この関係全体を図 1.12 に示す．

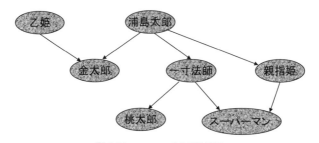

図 **1.12**　*parent-child* 関係図

この表現から，もっと複雑な関係を定義することもできる．たとえば
　　　祖父母・孫関係　*grandchild* (g, c) =

$$parent\text{-}child\ (g,\ X)\ \text{かつ}\ parent\text{-}child\ (X,\ c)$$
となる X がある.

兄弟関係 　　　$brother\ (a,\ b) =$

$$parent\text{-}child\ (Y,\ a)\ \text{かつ}\ parent\text{-}child\ (Y,\ b)$$
となる Y がある.

このように定義されていると, $parent\text{-}child$ 関係の "事実" から,

$grandchild$ (浦島太郎, 桃太郎).

$brother$ (一寸法師, 親指姫).

といった関係を導き出すことが可能となる.

1.4.5　黒白を表す

"関係" に関係するものとして, "成り立つか／成り立たないか" という性質がある. たとえば前項の例で, "$parent\text{-}child$ (乙姫, 金太郎)" という事実が存在するが, これは見方を変えれば

"$parent\text{-}child$ (乙姫, 金太郎) は成り立つ"

ということもできる. 同様にして

"$parent\text{-}child$ (一寸法師, スーパーマン) は成り立つ"

が, 事実が存在しない関係については, たとえば

"$parent\text{-}child$ (浦島太郎, 乙姫) は成り立たない"

ということになる.

このように "xxx が yyy である" という形式のもので, 正しい／正しくないの判断が明確にくだせる, 言い換えれば "黒白がつけられる" ものを**命題**(**proposition**) という. そして, 正しい命題を "真である命題", 正しくない命題を "偽である命題" という. またこれを言い換えて "ある命題 (の値) が真である (偽である)" ともいう. この最後の言い方によれば, 命題を変数のように扱うことができる. これを**命題変数**と呼ぶ. 命題変数の値は真か偽のどちらかである.

黒白の表現方法としては, 真偽のみの表現と命題ぐるみの表現とがある. 真偽のみの表現は, 文字と同じように 2 種類の符号を用いればよい. "0" と "1", "$false$" と "$true$", "F" と "T" などが一般的である. 命題ぐるみの表現としては, $parent\text{-}child$ の例で示したような

18   第1章　情報処理

"値が真である命題のみをすべて列挙する"
という方法が一般的である.

1.5　構造を扱う

1.5.1　データを構造化する

　次の「積み重ねうた」について考えよう. これもマザーグースにあり, 音
読してみると実に調子がよい.

This is the house that Jack built.

This is the malt that lay in the house that Jack built.

This is the rat that ate the malt that lay in the house that Jack built.

This is the cat that killed the rat that ate the malt that lay in the house that Jack built.

This is the dog that worried the cat that killed the rat that ate the malt that lay in the house that Jack built.

This is the cow with the crumpled horn that tossed the dog that worried the cat that killed the rat that ate the malt that lay in the house that Jack built.

This is the maiden all forlorn that milked the cow with the crumpled horn that tossed the dog that worried the cat that killed the rat that ate the malt that lay in the house that Jack built.

This is the man all tattered and torn that kissed the maiden all forlorn that milked the cow with the crumpled horn that tossed the dog that worried the cat that killed the rat that ate the malt that lay in the house that Jack built.

This is the priest all shaven and shorn that married the man all tattered and torn that kissed the maiden all forlorn that milked the cow with the crumpled horn that tossed the dog that worried the cat that killed the rat that ate the malt that lay in the house that Jack built.

This is the cock that crowed in the morn that waked the priest all shaven and shorn that married the man all tattered and torn that kissed the maiden all forlorn that milked the cow with the crumpled horn that tossed the dog that worried the cat that killed the rat that ate the malt that lay in the house that Jack built.

This is the farmer sowing his corn that kept the cock that crowed in the morn that waked the priest all shaven and shorn that married the man all tattered and torn that kissed the maiden all forlorn that milked the cow with the crumpled horn that tossed the dog that worried the cat that killed the rat that ate the malt that lay in the house that Jack built.

This is the house that Jack built from Mother Goose
The Random House Book of Mother Goose (Arnold Lobel,1991) より

　このうたが読んで調子のよいのは，これが一定の規則で組み立てられているからである．実際，先頭以外の各文は，1つ前の文の "*This is*" の後に新しい節 "*the … that …*" を挿入することでできている．したがって，先頭の文と追加されてゆく節とだけからこの文章全体が再構成できる．この様子を図1.13に示す．6番目の文を示しているところである．

　このように，データ（資料など）を一様なものとしてではなく，いくつかの要素に分解するなどしてその間に種々の関係を定義することを，データの**構造化**（**structuring**）という．

　データを構造化する能力は，ここで示したような，すでに存在しているデータを扱う場合ばかりでなく，自分でデータを作り上げてゆく場合にも有効である．**起承転結**という言葉は，典型的な物語を作る場合の指針を表している．話の出だし（起），展開（承），新場面（転），まとめ（結）というふうに組み立ててゆく．もともとは漢詩の構成方法を示しているこの言葉は，一般的な話の組立て構造を示している．科学論文などでは，"転" の部分が自分の新しい主張を行う場所である．この構造に従っていない論文はかなり

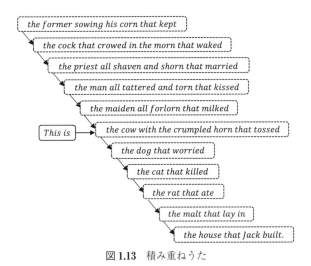

図 1.13　積み重ねうた

読みにくい．論述式の試験答案作成の際にもこの構造は応用できる．

1.5.2　処理を構造化する

この構造図で示されるデータを

$phrase_1$ = "*the house that Jack built.*"
$phrase_2$ = "*the malt that lay in*"
$phrase_3$ = "*the rat that ate*"

等々としよう．こうすれば，たとえば3番目の文章は次のように "読める"．

> (1) "*This is*" と読む．それから，
> (2) $phrase_3$ を読む．それから，
> (3) $phrase_2$ を読む．それから，
> (4) $phrase_1$ を読む．

(2)から(4)までは添え字が規則的に変わっているだけなので，次のように書けるものとしよう．

> (2) i = 3, 2, 1について，

> (2,1) $phrase_i$ を読む.

これも反復処理の一種である. さらに, "3, 2, 1" というのを "3..1" と書いてもいいものとしよう. このような書き方を準備すると, この積み重ねうた全体を読む処理は次のようになる.

> (1) $k = 1..11$ について,
> (1.1) "*This is*" と読む. それから,
> (1.2) $i = k..1$ について,
>   (1.2.1) $phrase_i$ を読む.

結局, $phrase_1$ から $phrase_{11}$ までの文字列データと上に示したアルゴリズムがあれば, "*This is the house that Jack built.*" 全体と同じものが生成できることになる.

このようなことができたのは, もともとの文章がもっていた規則性を解析し, それに沿ってデータを構造化したからである. 構造化されたデータを扱うアルゴリズムは否応なしに構造化される. 構造化の利点は, もともとの文章量と比較した, 構造化後のデータ量とアルゴリズム記述の簡潔さによって明確であろう.

1.5.3 構造と処理

データを構造化する目的はデータ量の圧縮ばかりではない. うまく構造を作っておけば, 処理時間を劇的に短くすることも可能である.

> 浅茅生の小野のしの原しのぶれど あまりてなどか人の恋しき (39)
> 朝ぼらけ有明の月と見るまでに 吉野の里に降れる白雪 (31)
> 朝ぼらけ宇治の川霧たえだえに あらはれわたる瀬々の網代木 (64)
> あしびきの山鳥の尾のしだり尾の ながながし夜をひとりかも寝む (3)
> 天つ風雲の通ひ路ふき閉ぢよ をとめの姿しばしとどめむ (12)
> 天の原ふりさけ見れば春日なる 三笠の山に出でし月かも (7)
> さびしさに宿を立ち出でてながむれば いづこも同じ秋の夕暮れ (70)

花の色はうつりにけりないたづらに わが身世にふるながめせしまに（9）
春すぎて夏来にけらし白妙の 衣ほすてふ天の香具山（2）
春の夜の夢ばかりなる手枕に かひなくたたむ名こそ惜しけれ（67）

百人一首の読み札と取り札

小倉百人一首の一部である．括弧内はうたの番号である．

さて，百人一首のカルタでは，札には下の句（"しものく"，たとえば「ころもほすてふあまのかくやま」）しか書かれていない．したがって，百人一首をまったく知らない人であれば，下の句が読み出されるまで札は取れない．

とりあえずのやり方は次のようになろう．

---

(1) 下の句を全部聞く．それから，
(2) 場に残っているすべての札について，
　(2.1) 同じ下の句が書いてあったら，取る．

さすがにこれでは勝てない．少し慣れてくると百首すべて覚えてしまうので，上の句（"かみのく"）を聞いただけで対応する札が取れるようになる．

---

(1) 上の句を全部聞く．それから，
(2) 対応する下の句を「思い出す」．それから，
(3) 場に残っているすべての札について，
　(3.1) 同じ下の句が書いてあったら，取る．

ここですでに "上の句—下の句対応" という関係に基づく構造が導入されていることに注意しよう．これで少し早く取れるようになったが，これではまだ競技会では勝てない．上の句を "全部聞く" というところが問題である．上の句（および下の句）は，1字1字順番に読まれるので，ある程度まで聞いたところで句を1つに絞ることができる．この，最後に1つの句に絞る字

を決まり字という．決まり字は扱っている句の集りによって違う．ここに例とした10首を，決まり字に従って構造化したものを図1.14に示す．

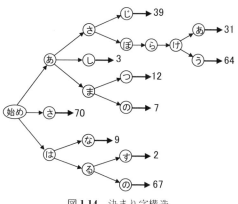

図1.14　決まり字構造

この図で示される構造が頭に入っていれば，たとえば"さ"を聞いただけで「いづこも同じ…」の札が取れる．これは1字聞いただけであるから，最も早く取れる例である．読みの先頭が"あ"である場合には，それだけでは1つには絞れない．2字目が"し"であれば「ながながし夜を…」となるが，もし"さ"であればさらに3字目を待つことになる．カルタ競技会に出場する場合，最低限この決まり字による場合分け構造は覚えなければならない．

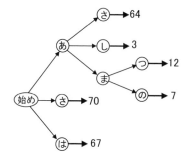

図1.15　決まり字構造の更新

さらに強くなるには，この"決まり字構造"を残り札に応じて常に最小にしておくことが必要である．たとえば「朝ぼらけ有明の…」の札が取られたとすると，構造図中の「朝ぼらけ宇治の…」の句については，「朝ぼ」まで聞けば充分である．これに加えて「春すぎて…」，「花の色は…」，「浅茅生の…」の合計4枚が取り去られた後の決まり字構造を図1.15に示す．

実は前の構造図も，もともとの100首に対する複雑な構造図を，ここで示した10首用に単純化したものである．

この百人一首の例は，ものを探すという単純な事柄についても，その中の構造をうまく作ってゆけば，処理の効率を非常に高められることを示している．

24 第1章 情報処理

問題

1.1 身のまわりでモデルと思われるものを挙げよ．

1.2 *"This is the house that Jack built."* のうたについて，
"出現順領域確保法" と "事前領域確保法" の両方で文字の出現数をカウントせよ．

1.3 *"For want of a nail, the shoe was lost."* では，釘が1本なかったために王国
が亡んだ．この議論の正しさを検討せよ．

1.4 *parent-child* 関係を *parents-child*（父，母，子）という3項関係に拡張し，"い
とこ"，"はとこ" などを表す関係を定義せよ．

1.5 文字を符号化する場合に取り入れるとよい条件（順番，グループなど）を，
英文字と日本文字について考えよ．

考え事項

1.1 垓，恒河沙などの大きな漢数字の大きさを調べよう．

1.2 いろいろな物理量の浮動小数点表現の仮数は3未満であることが多い．その
理由を考えよう．

1.3 小倉百人一首全体の決まり字構造を描いてみよう．

第2章 計算

第1章ではおよそ何らかの処理であれば"計算"と呼べることを見た．
本章では，この"計算＝処理"の特徴づけを，数値，記号，論理，構造
という4種の対象に対する計算について考える．

2.1 処理

第1章では，処理の例として"個数を数える"，"関係を調べる"，"データ
を構造化する"といったものを扱った．これ以外にも，"方程式を解く"，"平
方根を求める"，はては"$6 \times 7 \to 42$"というのももちろん"計算"であり，
処理の名に値する．また，"変形"，"抽出"あるいは"関数の評価"といっ
たものもある．例として，足し算"$2 + 3$"を考えてみよう．この意味とし
ては

　　　🍎🍎　と　🍎🍎🍎　で　🍎🍎🍎🍎🍎

という幼稚園的なものや

　　　（（　🍎🍎　を1個増やす）を1個増やす）を1個増やす

という"数学基礎論"的なもの，または

　　　"に　たす　さん　は　ご"

という，覚えているものをただ想い出すだけのものもある．これらに共通し
ているのは，与えられたもの，すなわち問題を，変形したり変換したりする
操作である．ただし変形や変換の手段としては，"図を寄せ集める"，"1個
増やす操作を繰り返す"，"覚えている結果に置き換える"と場合によってさ
まざまなものがある

　"計算＝処理"の基本は，この"変形"や"変換"である．そして"モデ
ルの世界"での変形や変換の対象は，多くの場合記号（表象物）の集まりで
ある．極論すれば，情報処理における計算とは，記号の集まりに対する変形・
変換操作ということができる．もともとの対象が記号でない場合，たとえば
物の温かさなどであれば，それを数値で表現する（モデル化する）ことに

26　第2章　計算

よって記号に対する操作を行う.

2.2　数値の計算

　われわれが長年親しんできた数の計算について考えよう．ふつう，計算というと数値の四則演算を想い浮かべる．しかしこれまでにも見たとおり，情報処理ではさまざまな形のデータを扱うので，数値を扱う計算はとくに**数値計算**（**numerical computation**）と呼ばれる．

2.2.1　数の計算

　前節の足し算の例でもわかるとおり，われわれは数の計算を，前提となる意味づけは考えずに，単なる記号列の変換として行っている．"2 + 3 → 5"であり"8 × 8（はっぱ）→ 64（ろくじゅうし）"なのである．しかしその変換作業にも構造がある．加減算の基礎は1桁の加減算であり，乗除算の基礎は"九九の表"である．これらより複雑な計算は，これらをある一定の順序で使用することで実現している．たとえば

　　　1957063 + 2584469

の計算では1桁の加算（繰上げの"1"を除く）を7回，下位桁から順番に実行する．また

　　　1944 × 856

の計算では，"九九"を12回と1桁の加算を12回，決められた順序で実行する．

　ここでは，計算にとって重要な事項が2つ登場している．1つは，決められた順序の書き表し方である．この，計算手順を表現したものがアルゴリズムである．もう1つの事項は，計算の手間である．10桁の数の乗算と100桁のそれとでは，"九九"を使用する回数がかなり違う．このことについては第6章で詳しく調べることにする．

2.2.2　精度と上限

　数値の計算を行う場合の最大の注意点は，数値を表す場合の値の範囲と誤差である．以前に見たとおり，現実の情報処理機械では無限個の数字を扱う

ことができない．このために，個数で代表される整数の値は大きさに上限が存在する．また，連続量を表現する浮動小数点数では，**有限の精度**の数値しか扱えない．コンピュータで数値計算をする場合には，アルゴリズムを作る側がこの事情をよく知っていることが必要である．たとえば，加算の結果が整数の上限値を超えても，コンピュータ自体は何も文句を言わずに勝手に変な数値に変えてしまうことがある．

　浮動小数点数については，コンピュータで表現できる最大の数を超えたり，0 と異なる絶対値最小の数よりも小さな値になったりした場合には，コンピュータにより警告が発せられる．しかし浮動小数点数については，このような値の範囲に関する異常よりも，誤差にからむ話の方が問題が大きい．例を挙げよう．

　何かの処理（たとえば利息の計算）を，利率が 0％ から 10％ まで 0.1％ きざみで反復して行うことを考える．

---

(1) 利率を 0 にする．それから，

(2) 利率が 0.1 以下である間，

　　(2.1) "何かの処理" をやる．それから，

　　(2.2) 利率を 0.001 だけ増やす．

　すなおに考えれば，この繰返しは，利率が 0.000 から始まって，0.001, 0.002, 0.003, と進行し，0.099 の次に 0.100 となり，101 回実行されるはずである．ところが，このアルゴリズムに表れている数 0.1 も 0.001 も誤差を伴った数であることを忘れてはいけない．0.001 を 100 回加えたものは，コンピュータ計算では一般には 0.1 にならないものと考える必要がある．この例のように繰返し回数を正確に指定したい場合には，誤差のない数，すなわち整数を使わなければならない．

---

(1) 回数 = 0..100 について

　　(1.1) 利率を "回数 / 1000" で求める．それから，

　　(1.2) "何かの処理" をやる．

処理 (1.1) で計算される利率には誤差が含まれ得るが，毎回計算されるので誤差が蓄積されることはない．

2.2.3 数値演算と誤差

上で示した繰返しの例は"たかが1回の差"と思われるかもしれない．しかしその1回の差が重大な結果の変化を招くことも多い．さらに，精度が有限であることから，演算結果がゴミ，すなわち処理の目的に合わない無意味な値になってしまうという問題も発生する．例を示す．

(a) 値がほとんど等しい2数の差

数値精度が10進10桁であるとき，たとえば上から8桁目までが等しくてその下が異なる2数の差をとると，残りの"信頼できる"桁数は2となってしまう．これは**桁落ち**として知られる現象であり，計算順序を変えるなどして，絶対に避けなければならない．

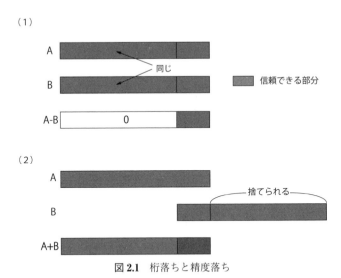

図 **2.1** 桁落ちと精度落ち

(b) 値の大きさが極端に異なる2数の和や差

値の大きさの差が数値精度に近づくと，加減算に際して，小さな方の値がもっていた"信頼できる部分"がほとんど捨てられてしまう（**精度落ち**）．

乗除算でも "信頼できる部分" は減少するが，一般に加減算の方が危険性が高い．数値計算のアルゴリズムでは，加減算に際しての値の大きさの見積もりがきわめて重要となる．

2.3 記号の計算

数値計算に対比して，数値以外のモデルを対象とする計算を**非数値計算**（**non-numerical computation**）というが，とくに記号を対象とするものを**記号計算**（**symbolic computation**）という．記号計算では，数値計算における加減乗除などに代わって，記号の置換えや連接・分解などが計算の中心となる．

2.3.1 記号とその列

ふつうの状況における**記号**（**symbol**）は，"何かを象徴するもの" として定義される．したがって，記号（とその集まり）を扱うことは，その "象徴されているもの" を扱うことになる．"♀ + ♂" はメスとオスの合体であり "100 Me" は地球の質量の 100 倍である．これに対して，計算機科学と情報処理における記号計算では，記号を単なる "処理対象" として扱い，その意味に立ち入ることはない．記号を用いる計算全般についての普遍的な処理を考察対象とするのである．

記号についての最も基礎的な性質は，扱う記号の数である．記号そのものについての意味は問わないので，{ 'あ'，'い'，'う'，'え'，'お' } だろうが { 'A'，'B'，'C'，'D'，'E' } だろうが，はたまた { '('，')'，'+'，'−'，';' } だろうが，5 個であることさえ決まれば同じように扱う．扱う記号の数は，記号の表現方法や処理の能率に関係してくる．

次にやることは，記号を並べること，すなわち**記号列**（**string**）を扱うことである．これでやっと，"わたしはだれでしょう" や "25 + 4 × 7" というものが扱える．記号列の性質はその長さである．"わたしはだれでしょう" なら長さ 10，"25 + 4 × 7" なら長さ 6，というぐあいである．

"長さ" はもちろん自然数である．それでは長さ 0 の記号列とは何であろうか．長さ 0 であるから記号は何も並んでいない．しかしこれも記号列とし

30　第2章　計算

て扱うことになっている．これを**空列**（**empty string**）と呼ぶ．

2.3.2　記号の演算

　記号の演算としては次のようなものがある．

(1) 記号列に記号1個をつなげる．
　　"わたし" ＋ 'は' → "わたしは"
(2) 2個の記号列をつなげる．
　　"わたしは" ＋ "だれでしょう" → "わたしはだれでしょう"
(3) 記号列を分割する．
　　"25 ＋ 4 × 7" →（"＋"の前後で分解）→ "25"，"＋"，"4 × 7"
(4) ある記号列の中から別の記号列を探す．
　　"だれ" in "わたしはだれでしょう" →5番目より
(5) ある記号列の中で2回現れている部分記号列を探す．
　　"あのほしはのほほんとしている"
　　　'の'， 2番目より，6番目より
　　　"のほ"，2番目より，6番目より
　　　'ほ'， 3番目より，7番目より
　　　'ほ'， 3番目より，8番目より
　　　'ほ'， 7番目より，8番目より

上の例の(4)や(5)は記号列の中の**探索**（**search**）と呼ばれる．探索のやり方を示すものを**パターン**（**pattern**）と呼び，いろいろな種類が考えられている．

2.3.3　記号の計算と式の計算

　記号の列は，人間と人間の間の意志疎通の一手段であると同時に，人間とコンピュータとの間のデータ交換の手段でもある．人間は記号列（文字列）の形でコンピュータに指令やデータを渡し，コンピュータはそれを解釈して処理を実行する．したがってこの段階でも，記号計算が重要な処理を行っている．

$$``x = 24"$$
$$``y = 43"$$
$$``118 - (y + 2 \times x) = "$$

この3行，すなわち3個の文字列をコンピュータに与えて，計算をさせることを考えよう．大まかな規則は次のとおりとする．

(1) ‘=’ の左に名前，右に式がある場合

　　式の値を計算して"名前"に与える

(2) ‘=’ の右がない場合

　　左辺の式を計算して答を出力する

(3) 式の形式は次の6通りとする

　　名前，数値，式＋式，式−式，式×式，（式）

---

(1) すべての行について

　(1.1) ‘=’ で左辺と右辺に分割する．それから，

　(1.2) 右辺が空列かどうか調べる．

　　(1.2.1) 空列であれば，左辺の〈式を計算〉して出力する．

　　(1.2.2) 空列でなければ，右辺の〈式を計算〉して左辺の名前に与える．

〈式を計算〉は部品プログラムである．

〈式を計算〉

(1) 与えられた式の形を調べる．

　(1.1) 名前であれば，その名前に与えられている値を結果とする．

　(1.2) 数値であれば，その値を結果とする．

　(1.3) "（式）"の形であれば，括弧の中の〈式を計算〉してその値を結果とする．

(1.4) "式 + 式" の形であれば，1番目の〈式を計算〉した値と2番目の〈式を計算〉した値との和を結果とする．

(1.5) "式 − 式" の形であれば，'+' と同様にした後，差を結果とする．

(1.6) "式 × 式" の形であれば，'+' と同様にした後，積を結果とする．

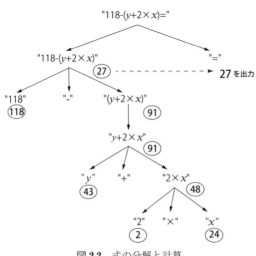

図 2.2 式の分解と計算

先ほど示した式 "118 − (y + 2 × x)" の分割と計算の様子を図 2.2 に示す．矢印は記号列（文字列）の分割を，丸の中の数値は計算された値を，それぞれ表している．

この例でもわかるとおり，記号の列は実際には何らかの構造を表していることが多い．したがって記号の計算は，後に見る構造の計算とともに実行することがほとんどである．

2.4 論理の計算

"成立する／しない" だけを問題とする命題の世界では，値が真と偽の2種類しかない．この現実離れした世界での計算とは何であろうか．

2.4.1 複合的命題の真偽

"磯野家は頭がよい" という命題が成立するかどうかを考えてみよう．もちろん "家" は物理的な家屋ではなく，構成員（波平，舟，カツオ，ワカメ）の集合を意味している．ここで仮に "xx 家は yy である" の意味が，"xx 家

ではすべての人が yy である"であるとすると，問題は次の 4 つの命題の成否ということになる．

　　"波平は頭がよい"
　　"舟は頭がよい"
　　"カツオは頭がよい"
　　"ワカメは頭がよい"

これらが全部成立する，言い換えると，これらの命題の値がすべて真の場合に限り，"磯野家は頭がよい"の値が真となる．ここで，"波平は頭がよい"等々の命題の真偽によって"磯野家は頭がよい"という複合命題の真偽が決定された．これが，命題の世界における計算の一例である．

　次に別の例として，"フグ田家は金持ちだ"を考えよう．ある"家"が金持ちであるためには，その家のだれかが金持ちであればよい．もちろん全員が金持ちであっても構わないが，誰も"金持ち"でないと，その家を"金持ち"であるとは言わない（のがふつうであろう）．よって問題は

　　"マスオは金持ちだ"
　　"サザエは金持ちだ"
　　"タラちゃんは金持ちだ"

という 3 つの命題の成否になる．これらのうち，どれか 1 つでも成立すると，"フグ田家は金持ちだ"が真となる．

2.4.2　真偽の演算

　"磯野家は頭がよい"命題は，4 個の要素的命題が複合したものであった．4 個の数値を加える場合に 2 個ずつ加えてゆくように，命題の計算も，2 個の命題の間の計算に分解する．

　2 個の命題を A と B，真偽値を T（真）と F（偽）とで表した場合，"頭がよい"命題と"金持ちだ"命題の値は次のようにまとめられる．

34 第2章 計算

A の値	B の値	"頭がよい"	"金持ちだ"
F	F	F	F
F	T	F	T
T	F	F	T
T	T	T	T

　この表は，"頭がよい (A, B)" と "金持ちだ (A, B)" という両命題の値の定義にもなっている．この表のことを**真理値表**（**truth table**）と呼ぶ．また，"頭がよい"命題と同じ値になるもの，すなわち要素となる 2 つの命題の値がともに真のときのみ真で，他の場合は偽という複合命題を

　　　A and B　または　$A \wedge B$

と表す．同じように，"金持ちだ"命題と同じ値を与える複合命題を

　　　A or B　または　$A \vee B$

と表す．さらに単項の演算として，要素命題の値の逆（真 $\Leftrightarrow$ 偽）を結果とする（複合）命題を

　　　not A　または　$\neg A$

と表す．

　A と B から作れる複合命題は全部で 16 種類ある．しかしこれらすべてが，上記の and, or, not を組み合わせて実現できることを示すことができる．

2.5　構造の計算をする

　構造を表現することが重要であることは何度も述べた．それでは，構造についての計算はどのように行うのだろうか．

2.5.1　構造の計算の要素

　百人一首の決まり字構造は，どのようにして作るのだろうか．100 首も与えられると途方に暮れてしまいそうである．このようなときには，少しずつ処理をしてゆくのがよい．「百里の道も一歩から」というわけである．まず最初に，第 1 のうたを扱う．ここでは簡単のために，先頭の 8 文字だけを扱うことにしよう．初めには何もないので，8 文字（"あさじうのおのの"）が

順に並んだ構造を作る．このためには，
  (1) 構造の要素（ここでは"かな1文字の入れもの"）を新しく作る
  (2) 要素に値（ここでは"かな1文字"）を書き込む
  (3) 要素の間に"矢印"を設定する
という操作があればよい．

先頭には"始め"を示すものを1つ付け加えておく（図2.3）．

図 2.3 構造の計算 – 1

次のうた（"あさぼらけありあ"）に移ろう．"始め"から始めて，同じ文字列が続く限り，すでに作ってある構造の上をたどる．すると，2番目の'さ'までは行けるが，次の文字は'ぼ'であり第1のうたの3文字目'じ'とは異なるので，'さ'から枝分かれを作り，その後の文字（"ぼらけありあ"）を並べておく（図2.4）．

ここで必要となる操作は
  (4) 要素の値を読む
  (5) ある要素が"指している"要素へ移る
である．

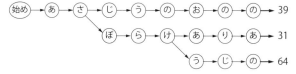

図 2.4 構造の計算 – 2

3番目のうた（"あさぼらけうじの"）についても同様である．たどっている間に枝分かれの場所へ来た場合には，どれか一致するものがあればそちらへ行く．なければ枝を新設する（図2.5）．

図 2.5 構造の計算 – 3

以下同様である．できあがった構造を図 2.6 に示す．

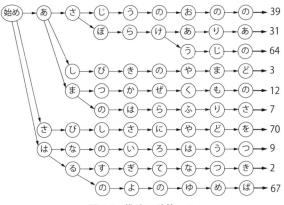

図 2.6　構造の計算 – 4

2.5.2　構造全体の扱い

　この構造を"決まり字構造"に変換するには，すべての句を末尾から逆にたどっていって，枝分かれの 1 つ前，言い換えれば"兄弟"が存在するところより後の部分を消去すればよい（図 2.7）．

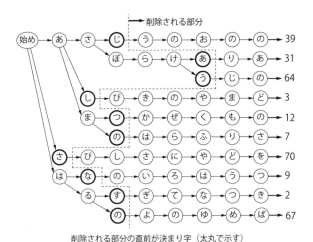

削除される部分の直前が決まり字（太丸で示す）
図 2.7　構造の計算 – 5

ここでは

（6）構造の要素あるいは矢印を削除する

という操作が使われる．

　札が取られてなくなった場合には，その句に対応する文字列を再び逆にたどってゆき，枝分かれの直前までの部分を消去した後で，"決まり字構造作成"の手続きを適用すればよい．

　この例のように，与えられたデータから所要の構造を作ったり，データの変更に対応して構造を変更したりすること，いわば"構造を計算する処理"は，アルゴリズム構成においても重要なものとなっている．そこでは，上記の(1)〜(6)を始めとする"構造処理操作"がいろいろに組み合わされて使用される．現実社会における情報処理では，家計簿の計算から列車の座席予約システムにいたるまで，データの構造化とその計算の方法がキーポイントであると言っても過言ではない．

問題

2.1　電卓で適当な数を入れてから平方根のキーを押し続けると必ず1に落ち着く．この理由を説明せよ．

2.2　図2.2に示されている実際の値が決められてゆく順番を確かめよ．

2.3　3個の命題変数 A，B，C について，複合命題 "$((A \lor B) \land (B \lor C) \land (C \lor A))$" と "$((A \land B) \lor (B \land C) \lor (C \land A))$" とが常に等しいことを示せ．8行の真理値表が使える．

2.4　"決まり字"の方法を使うと覚えておくべきデータ量が小さくても済む．この度合を図2.7に即して計算して確かめてみよ．

考え事項

2.1　半径1の円に内接する正 n 角形の一辺の長さを p_n とすると，n が大きくなるにつれて $n \cdot p_n$ は円周率 π に近づく．p_{2n} を p_n で表し，$n = 2$ から始めることによって π の近似値を求めてみよ．その際の計算上の注意点も示せ．

2.2　多数決演算 $maj\,(A, B, C)$ は，A，B，C の値の多い方として定義される．例えば，$maj\,(0, 0, 1) = 0$，$maj\,(1, 1, 0) = 1$ である．この演算を使って and と or を表現してみよ．

第3章 情報量

　　"情報社会"などのいろいろな局面で使われている"情報"というものの意味の明確化を行おう．漠然と"感性で"とらえていると，学問，とくに自然科学の対象とはなりにくい．本章ではシャノン（C. E. Shannon）が 1948 年に，通信工学の立場から行った"情報の数量化"の枠組について調べる．

3.1　情報とは何か

　　まず，"情報を得る"ということと，単に"何かを知った"ということを区別することから始めよう．次の"事実"について考える．
　　(1)『広辞苑』第四版は 2858 ページである．
　　(2)『広辞苑』第四版のページ数はある素数の 2 倍である．
(1)を知ると"この辞書は重そうだ"ということは推測されるが，情報を得たと思うかどうかは，人それぞれの『広辞苑』へのかかわりあいに依存する．(2)の事実を知ったとしても，『広辞苑』を暗号のコードブックとして使おうとでも思わない限り，ふつうの人には何の意味もない．また，
　　(3) 通学用の路線の普通電車は昼間は 10 分間隔である．
という事実も同様である．
　　このように，自分にはまったく無関係の事柄を知らされたとしてもうれしくも何ともない．少なくとも，自分の考えや行動に何らかの影響を与えることでないと情報を得たとは言い難い．また，同じ"行動への影響"にしても，事態が明確になるような知らされ方と，何だかサッパリわからなくなるような知らされ方とでは，情報の受け取り方が逆のような感じがするであろう．そこでもっと明確に，
　　　　"知らないとき"よりも"知ったとき"の方が不確実さが
　　　　減ることによって何らかの利益を得る可能性がある
場合に，「情報（**information**）を得た」と言うことにしよう．

図 3.1 情報を得る

以上の "何か" のことを**データ** (**data**) と呼ぶ．この意味では「現代社会には情報が氾濫している」という文章は，データと情報とを混同しており間違いである．「現代社会には（知らされる）データが氾濫している」という方が正しい．"情報社会" の "情報" とは，"知って意味のあるデータ" という意味である．

あるデータ単独では意味がないが，別のデータと組み合わさると意味をもつということもよくある．たとえば "A 店ではカメラ X を 30,000 円で売っている" というのは 1 つのデータであるが，これと "B 店ではカメラ X を 29,800 円で売っている" というデータを組み合わせると，"A 店ではなく B 店で買った方が安い" という有用情報が得られる．実際に，同一商品の価格を多数の店について調べた結果を提供している Web サイトも存在する．このように，複合されたデータ，あるいはそれらの関係を知ることが重要な場合も多い．これらの複合データおよび関係データの処理は，情報処理において重要なものとなっている．

3.2 情報の大きさ

3.2.1 不確実さと場合の数

シャノンの定式化では，"不確実さの減少" を情報の大きさと対応づける．例として，知人に記念メダルの形を伝える場面を考えよう．形としては円とダイヤモンド形の 2 種類しかないものとする（図 3.2）．教えてもらう立場としては，何も知らない段階ではあり得る場合は円とダイヤ形の 2 通りである．この状況で円（あるいはダイヤ形）と教えられると，場合の数は 1 に絞られる．教えられる立場としては，"形の不確実さが 2 から 1 に減った" ことになる．

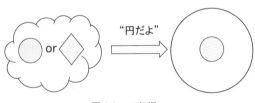

図 3.2 二者択一

この状況を,受け手が情報をもらった,と考える.このような,その時々のあり得る場合の変化によって受け取った情報を特徴づけるのがシャノン定式化の基本である.

さらに,メダルの形として正方形と正八角形が加わったものとしよう.全部で4通りである(図3.3).この状況で,"不確実さ"を減らす教え方はいろいろある.

(1) どれか1つ,たとえば"正方形"と教える.1通りに絞られる.
(2) "ほぼ丸い形"と教える.円と正八角形の2通りに絞られる.
(3) "カドがある"と教える.円以外の3通りに絞られる.

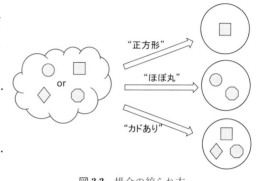

図3.3 場合の絞られ方

それぞれの場合に受け手は情報をもらったと考えられるが,その大きさは同じではなさそうである.

3.2.2 情報量の定義

場合の数の変化から情報の量を決めるにはさまざまな方式が考えられる.変化する前と後の場合数の差や比がその例である.図3.2と3.3の例では右のようになる.

場合数の変化	差	比
2→1	1	2
4→1	3	4
4→2	2	2
4→3	1	1.333

まず「差」について考えるために,以下のような状況を考えよう.人探しの例である.

① 人口1万人の町で知人を探す.ある1人の人が「違う」ことがわかった場合.
　事前の場合数 = 10,000,事後の場合数 = 9,999,その差　1

42 第3章 情報量

② 8人グループの中から探す．ある1人の人が「違う」ことがわかった場合．

　　事前の場合数 = 8，事後の場合数 = 7，その差　1

③ 2人のどちらが知人かを決める．どちらかが「違う」ことがわかった場合．

　　事前の場合数 = 2，事後の場合数 = 1，その差　1

どの例でも場合数は1だけ減っているが，もとの場合数が小さければ小さいほど「情報が得られた感」は大きいであろう．

　今度は同じ例を「比」で考えてみよう．①では 10000/9999 ≒ 1.0001，②では "8が7に絞られる" ので約 1.1429，③での比は "2が1に絞られる" ので2となる．この値が1の場合は全然絞られていない，つまり情報がまったく得られていないことになる．したがって①では情報はほとんど得られていないと言える．以上のことから，情報の量を表すには変化前後の場合の数の比を使うのが良さそうに思える．

　比を使う場合には情報が無いことは "1" で表される．このとき，事前の場合数と事後の場合数は等しい．無い情報はいくら集まっても "何も無い" が，このことは "1" をいくら掛け合わせても1にしかならないことと対応している．

　"1" ではなく "0" によって情報が無いことを表せないだろうか．このためには掛け算で変化する量を足し算で変化するように表現する必要がある．積の変化を和の変化で表すには，変化比の対数を用いればよい．

　対数とは，$b^a = c$ であることを $a = \log_b c$ と書くやり方である．たとえば $\log_{10} 10000 = 4$，$\log_2 8 = 3$，などとなる．文字 "log" に添えて小さく書く値（$\log_2 8$ の "2"）を対数の底と呼ぶ．いま

$$c_1 = b^{a_1}, \quad c_2 = b^{a_2}$$

であるとき，

$$c_1 \times c_2 = b^{a_1} \times b^{a_2} = b^{a_1 + a_2}$$

であるので

$$\log_b (c_1 \times c_2) = a_1 + a_2$$

となり，積の変化を和の変化に置き換えることができる．

実際，対数の初期の主な用途は，天文学や測地学で必要な，大きな桁数の数の乗算を手作業で実行することであった．そのために，適当な増分（たとえば 0.000001）で与えられる数の 10 を底とする対数の表が用意される．そこで，次のような一連の操作を行う．3.141593 と 2.449491 の乗算を例とする．

3.141593 対数 → 0.4971499

2.449491 対数 → 0.3890759

↓ 和 ↓

7.695304 ← 逆引き 0.8862258

逆引きするときにちょうどぴったりの値が無ければ，前後の値から比例配分で結果を求める．この例では，7 桁の数同士の乗算（49 回の九九とほぼ同数回の足し算）が約 3 回の索表で実行できたことになる．

常用対数

20000 — 20509

x	0	1	2	3	4	5	6	7	8	9
2000	301 0300	0517	0734	0951	1168	1386	1603	1820	2037	2254
01	2471	2688	2905	3122	3339	3556	3773	3990	4207	4424
02	4641	4858	5075	5291	5508	5725	5942	6159	6376	6593
03	6809	7026	7243	7460	7677	7893	8110	8327	8544	8760
04	8977	9194	9411	9627	9844	0061	0277	0494	0711	0927
2005	302 1144	1360	1577	1794	2010	2227	2443	2660	2876	3093
06	3309	3526	3742	3959	4175	4392	4608	4825	5041	5257
07	5474	5690	5906	6123	6339	6556	6772	6988	7204	7421
08	7637	7853	8070	8286	8502	8718	8935	9151	9367	9583
09	9799	0016	0232	0448	0664	0880	1096	1312	1528	1745
2010	303 1961	2177	2393	2609	2825	3041	3257	3473	3689	3905
11	4121	4337	4553	4769	4984	5200	5416	5632	5848	6064
12	6280	6496	6711	6927	7143	7359	7575	7790	8006	8222
13	8438	8653	8869	9085	9301	9516	9732	9948	0163	0379
14	304 0595	0810	1026	1242	1457	1673	1888	2104	2319	2535
2015	304 2751	2966	3182	3397	3613	3828	4043	4259	4474	4690
16	4905	5121	5336	5552	5767	5982	6198	6413	6628	6844
17	7059	7274	7490	7705	7920	8135	8351	8566	8781	8996
18	9212	9427	9642	9857	0072	0288	0503	0718	0933	1148
19	305 1363	1578	1793	2008	2224	2439	2654	2869	3084	3299

217
1 22
2 43
3 65
4 87
5 109
6 130
7 152
8 174
9 195

216
1 22
2 43
3 65
4 86
5 108
6 130
7 151
8 173
9 194

対数表のある 1 ページ

『復刻版　丸善五桁対数表』（丸善出版，2013）より

ここでの話では

$$\text{得られる情報量} = \log \frac{\text{事前の場合数}}{\text{事後の場合数}}$$

となる．ここで，対数の底は任意である．

対数の底が変わると情報量の大きさも変わってしまう．そこで，ごく一般

44   第3章　情報量

的には，**二者択一**がもつ情報量を情報量の単位とする．この場合，$\log(2/1)$ $= 1$ となるようにすればよく，対数の底は2となる．この単位をビット（**bit**）と呼ぶ．ビットとは，2進数字を示す binary digit から作られた言葉である．たとえば，場合数が8から7に減る場合は約0.1926ビット，10,000が9,999に減る場合は約0.000144ビットの情報量となり，両者の値がかなり違うことがわかる．これ以降では情報量はビットで測ることにする．

3.2.3　確率と情報量

　知人を8人グループの中から探す例を再び考えよう．8人の中から任意の1人を選んだとすると，その人が知人である確からしさは1/8である．言い換えると

　　　　場合1：選んだ人が知人である　…確率1/8
　　　　場合2：選んだ人が知人ではない…確率7/8

確率の言葉ではこれらの「場合」を事象と呼び，すべての事象の確率の合計を1とする．たとえば"確率1で起こる"というのは，必ず起きることを示している．

　この事象が起こる前と起こった後とで考えると，情報量の定義式において

　　　　事前の場合数＝全体の場合数
　　　　事後の場合数＝その事象が起こる場合数

と対応づけられる．結局，生起する確率が p の事象がもつ情報量は

$$\log \frac{\text{事前の場合数}}{\text{事後の場合数}} = \log \frac{\text{全体の場合数}}{\text{その事象が起こる場合数}} = \log \frac{1}{p}$$

とすればよいことになる．この式によれば，「8人の中から知人を探す」状況では，"この人が知人だ"とわかる確率が1/8なので得られる情報量は

　　　　$\log_2(1/(1/8)) = \log_2 8 = 3$（ビット），

"この人は知人ではない"は確率7/8なので得られる情報量は

　　　　$\log_2(8/7) = 0.193$（ビット）

となる．

別の例を示そう．英語の文章にアルファベット 26 文字が均等に現れるものとすると，「次の文字は"e"である」も「次の文字は"z"である」も，同じ情報量

$$\log \frac{1}{\frac{1}{26}} = 約 4.70 ビット$$

となる．ところが，平均的な文章の中での文字"e"と文字"z"の出現確率はそれぞれ 0.1030 と 0.0005 ぐらい（資料によって異なる）であり，その出現に関する情報量はそれぞれ

$$\log \frac{1}{0.1030} = 約 3.28 ビット, \quad \log \frac{1}{0.0005} = 約 10.97 ビット$$

となる．「次の文字は"z"である」方が「次の文字は"e"である」よりも遥かに"大ニュース"なのである．このことは，人が犬を噛む方が，犬が人を噛むよりもはるかにまれな出来事であり，ニュースになり得ることとも通じる話である（図3.4）．

図 3.4 人が犬を噛む

3.3 平均情報量

3.3.1 集まり全体の情報量

今度は"事象の集まり"の情報量の平均を考える．平均をとるには，各事象のもつ情報量 $\log (1/p)$ に事象の生起確率 (p) をかけて，全体の総和を計算すればよい．2 人の人から知人を探す場合は，ある 1 人が"知人である"場合も"知人ではない"場合も，それぞれ生起確率は 1/2 であり，平均しても

$$\frac{1}{2} \times \log \frac{1}{\frac{1}{2}} + \frac{1}{2} \times \log \frac{1}{\frac{1}{2}} = 1 \text{ ビット}$$

となる．

等確率でない場合，たとえば"知人"が 1/8 で"非知人"が 7/8 の場合の**平均情報量**は，

$$\frac{1}{8} \times \log \frac{1}{\frac{1}{8}} + \frac{7}{8} \times \log \frac{1}{\frac{7}{8}} = 約 0.544 \text{ ビット}$$

となる．確率がそれぞれ 1/4 と 3/4 であれば結果は 0.810 ビットとなり，1/3 と 2/3 であれば 0.918 ビットとなる．

事象の数が 2 の場合，**平均情報量が最大になるのは 2 つの事象が等確率の場合である**（図 3.5）．もっと一般的には，すべての事象の確率が等しい場合に平均情報量が最大となる．このときには，すべてが等確率であり"事前にはどの事象が起きるかまったく予想がつかない"すなわち"不確実性が最も大きい"．一方，どれかの事象の確率が大きい場合は"その事象に偏っている"すなわち"不確実性が小さい"ことになる．このように，平均情報量は不確実性のものさしの性質をもっている．

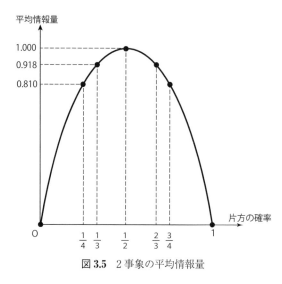

図 3.5　2 事象の平均情報量

3.3.2 エントロピー

平均情報量の概念は，熱学や統計力学における"乱雑さ"のものさしであるエントロピー（entropy）とほぼ同じものである．物質の分子レベルの動きで考えると，温度が低くて分子の動きが鈍いときは"整然とした状態"に近く，高温で動きが活発なときには"乱雑な状態"に近い．すなわちエントロピーはものの温度とも密接な関係にある．"閉じた系のエントロピーは単調に増大する"というのが熱力学の第2法則である．この法則は，整然とした状態（状態数小，したがってエントロピー小）よりも乱雑な状態（状態数大，エントロピー大）の方がより"自然である"，あるいは"実現されやすい"ことを意味している．たとえば子供部屋がすぐにおもちゃで散らかってしまうのは，その方がエントロピーが大きく，したがって"自然な状態"であるからである．

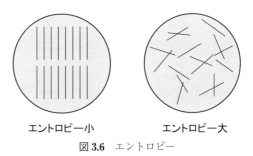

図 3.6 エントロピー

子供部屋のエントロピーを下げるには，親がせっせと片づけなくてはならず，そのためには大きな熱量が発生してしまう．熱力学の第2法則は，"熱は低温のものから高温のものへは自然には流れない"といってもよい．ここで，情報を得ることにより自然界の平均情報量を減らしているものとすれば，"自然界のエントロピーを増やさずに情報を得ることはできない"と言うこともできそうである．

情報とエントロピーについては，1ビットに対応する物理量（熱量）が存在すること，エントロピーが増えるのは情報を得たときではなく忘れる（消去する）ときであること，などが判明している．したがって計算が可逆であれば，つまり「忘れる」ことがなければ，計算を行ってもエントロピーは増えないことが示されている．

3.3.3 事象の特定

事象の集まりの中からただ1つの事象を特定するために要する手間につい

て考えよう．例として，ある（未知な）文字が英文字"a"…"z"のどれであるかを，「それはpより前ですか？」というタイプの問を繰り返して決定することを考える．このタイプの問では，答の"yes"または"no"によって，「残っている候補を"可能性あり"と"可能性なし"の2つの集まりに分ける」ことになる．たとえば，「それは"j"より前ですか？」に対して

  "yes" なら { a, b, c, d, e, f, g, h, i } を
  "no" なら { j, k, l, m, n, o, p, q, r, s, t, u, v, w, x, y, z } を

それぞれ選択することになる．

 特定するための処理量の下限を問題とするときは，"最悪の場合を最良にする"ことが必要である．たとえば，「それは"b"より前ですか？」という質問で分けられるのは

  { a } と
  { b, c, d, e, f, g, h, i, j, k, l, m, n, o, p, q, r, s, t, u, v, w, x, y, z }

である．たまたま {a} が正解ならばよいが {b, …, z} の方であると候補数がほとんど減っていない．最もよいのは等分に分けることである（図3.7）．したがって，第1段の最良の質問は

  「それは"n"より前ですか？」

ということになる．これで次の候補数が正確に半分(13)になる．

 1回の質問に対する答でどちらかの部分集合が残る．残った方に対して行う質問についても"等分割の原理"が適用される．英字の例で，最初の集合 {a, …, m} が残ったとすると，その要素数は13なので，次の分割では6と7，あるいは7と6に分ける．

  「それは"g"より前ですか？」

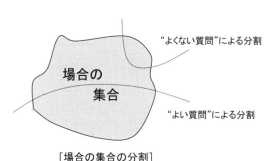

[場合の集合の分割]
図3.7　質問の良し悪し

これに対する答が"yes"であれば，次は3-3分割を行う．
　「それは"d"より前ですか？」
以下同様である（図3.8）．

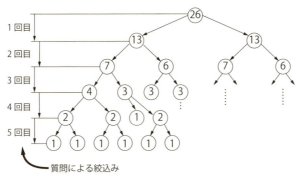

図3.8　最善の質問列による場合数の変化

　この問題を情報量という観点から見てみよう．何も質問をしていない段階での"あり得る事象の集まり"の数は26である．どの文字も等確率で"確からしい"ものとすると，この事象の集まりの平均情報量は

$$\log_2 26 \fallingdotseq 4.7 \text{ビット}$$

である．また，それぞれの質問では残っている事象数が（およそ）半減するので，得られる情報量はたかだか1ビットである．結局，1文字に絞る，すなわち平均情報量を0にするためには，最低$\log_2 26$回の質問が必要なことが証明された．"回数"は整数なので，対数の値の小数部分は切り上げる．英字の場合は最低5回ということになる．
　以上の話ではすべての事象が等確率であると仮定している．英字のように出現確率が文字によって大幅に異なる場合には少し精密な取扱いが必要となる．その様子は次節で示す．

3.3.4　表現量の圧縮と符号化

　扱っている事象が等確率ではなくいろいろと異なる出現確率をもつ場合には，その事象の集まりの表現を，等確率と仮定した場合よりも効率化することができる．一例を示す．

50 第3章 情報量

> ある駅を通る電車は，6割が普通，2割5分が快速，1割が急行で，
> 残り5分（20分の1）が特急である．ある1時間には20本の電車が
> 通るが，これの電車種別全体を文字"0"と"1"だけを使って
> できるだけ少ない文字数で表す．

まず，ふつうに考えてみよう．電車の種別は4種類であるから，"0"と"1"
の2文字を使って，たとえば

> 普通…"00"，快速…"01"，急行…"10"，特急…"11"

と表せばよい．この2文字ずつを電車の時刻順に並べる．たとえば

> 普 快 普 快 普 急 普 快 普 普 普 特 普 快 普 普 急 普 快 普

に対しては

> 00 01 00 01 00 10 00 01 00 00 00 11 00 01 00 00 10 00 01 00（40文字）

となる．

ここで，電車の種別がもつ情報量を考えてみよう．"普通"の生起確率は
一番大きく（0.6），それがもつ情報量（約0.74ビット）は相対的に小さい．
これに対して"特急"の生起確率は一番小さく（0.005），情報量（約4.32ビッ
ト）は大きい．そこで，生起確率の大きな事象は少ない文字で表し，逆に小
さな事象は多くの文字を割り当ててみよう．以下は一例である．

> 普通…"0"，快速…"10"，急行…"110"，特急…"111"

この割当てを使うと，上と同じ例は次のようになる．

> 0 10 0 10 0 110 0 10 0 0 0 111 0 10 0 0 110 0 10 0　（31文字）

ここで，この4つの事象（確率0.6，0.25，0.1，0.05）全体の平均情報量は（2
ビットではなく）約1.490ビットであり，20個の事象の表現には最低29.8
文字必要であることを考えると，"31文字"はほぼ最適な長さということが
できる．

このように，生起確率を考慮して表現方法を決定するやり方は，おもに通
信の分野に使われている．たとえばファクシミリなどでは，（ふつうは）白
い部分が圧倒的に多いので，"白"を示すための文字数は小さく，他の明る
さを示すための文字数は大きくなっている．上の例での"普通"（文字数＝1）
と"特急"（文字数＝3）の表現と同じ要領である．

事象の集まりを記号集合で表現することを符号化（coding）と呼ぶ．生起

確率が可能な限り半分半分になるように記号を割り当てて全体の符号長を短かくする方法をハフマン符号化（Huffman coding）と呼び，1952 年に開発されている．

　以上のように，情報量の考え方は，データおよびその集まりに関する性質を調べたり，いろいろな処理手順の作成に際しての手がかりともなり得るのである．

問題

3.1　ある整数の "10 を底とする対数" を何と呼ぶか．また，その値ともとの数とのおよその関係は何か．

3.2　第 1 章の Peter Piper の詩について，1 文字当たりの平均情報量を計算してみよ．

3.3　確率から情報量を導く場合，確率が 0 の事象はどう扱えばいいだろうか．

考え事項

3.1　ハフマン符号化を Peter Piper の詩に適用し，平均符号長を求め，問題 3.2 の結果と比較せよ．

3.2　生命を "エントロピーの局所的減少" で特徴づける考え方について調べよう．

第4章 計算の実現

計算を実現するためには，種々のデータを何らかの形で"表現"し，次にそれらを機械的に変換する"手順"を定める必要がある．本章では，実際の計算の表現方法と仕組みを見たあと，自動計算機械であるコンピュータの構成原理と計算機械の簡単な歴史を見る．

4.1 数と2進表現

4.1.1 数の表現

数を表すのにわれわれがふつう使用しているのは位取りの方式で，"0"〜"9"の10個の数字を用いる **10進表記（decimal representation）** であり，この方法を **10進法** と呼ぶ．この表記法では，数字が書かれている場所によって，表現している数の重みが変化する．たとえば"2017"の中に使われている数字"2"の重みは，右端を0としたときの3番目なので$10^3 = 1000$である．このやり方により，全体としての値，すなわち

$$\mathbf{2} \times 10^3 + \mathbf{0} \times 10^2 + \mathbf{1} \times 10^1 + \mathbf{7} \times 10^0 = 2017$$

が表現されている．

10進法はわれわれの指が両手で10本という由来（多分）があるだけであり，数学的な必然性があるわけではない．たとえば，ものを等分するのに10進法では2等分と5等分しかきれいには分けられないが，ダースやグロスを使う **12進法** では，2等分，3等分，4等分，6等分がすべてうまく扱えるので，より便利ということもできる．その代わり12進法では，10進法の10個の数字に加えて"10"と"11"に相当する記号が必要となる．

一般に，k個の記号を使う数値表現をk進法と呼ぶ．英語やフランス語では20を区切りとして数えていた名残りもある．英語ではscore，フランス語ではvingtという"20"を示す特別な単語があり，実際に68を"20が3個と8"と言ったりする．これは20進法である．

54　第4章　計算の実現

4.1.2　2進表現

　位取りの方式で数を表すために必要な記号の数について考えよう．特に，物事をできるだけ単純化して自動化もやりやすくするために，できるだけ少ない記号で表すことを考えてみよう．ここで記号数の下限を与えるのが，位取りの方式における場所の重みのやり方である．場所の重みは右端から順に，記号数の0乗（= 1），記号数の1乗，記号数の2乗，となってゆく．ここで仮に記号数が1とすると，$1^0 = 1$, $1^1 = 1$, $1^2 = 1$ というように，場所の重みはすべての場所で等しく1となる．したがってこの"1進法"では，記号を数の値の個数だけ並べることが必要となる．たとえば7は"1111111"と表される．投票数などを数える場合によく使われる"正の字"の方法と同じである．1進法は最も忠実な数の定義方法であり，古代から使われてきた．また，計算の理論などでも頻繁に用いられる．

　位取りの方法が意味をもつ最小の記号数は2である．このやり方を**2進法**（**binary system**）と言う．2進法では，記号として，普通は"0"と"1"とを使う．10進法で表した0は2進法では"0"，1は"1"であるが，2になるともう2桁の数"10"になる．3は"11"で4は3桁の数"100"となる．このように2進法では，記号の種類が少ない代わりに，ちょっとした整数値でも多くの桁数が必要となる．たとえば2017を2進数で表すと11桁の数"11111100001"となる．

4.1.3　データの表現

　ある種類のデータ全体の個数がわかっているときには，個々のデータを記号の集まりで表すことができる．これを**符号化**（**encoding**），とくに2進法の記号（"0"と"1"）で表すことを**2進符号化**と言う．2^k 個以下のデータの集まりは2進記号 k 個で符号化できる．たとえば曜日データは"日"〜"土"の7個で，$2^2 = 4 < 7 < 8 = 2^3$であるので，2進記号3個で符号化できる．たとえば左の表に示したような具合である．

　"対応値"は2進符号を2進数と解釈したときの値（を10進表現したもの）である．この

曜日	対応値	2進符号
日	0	000
月	1	001
火	2	010
水	3	011
木	4	100
金	5	101
土	6	110

符号化は単なる一例であるが，曜日の順に対応値が増加してゆくという性質をもつ．この性質を利用すると，たとえば，火曜日の対応値2に1を加えた対応値3をもつ水曜日が"火曜日の次"の曜日として求まる．このように，符号化はそれを用いた処理がやりやすいように決められる．

おもな2のべき乗数を示す．

$$2^0 = 1 \qquad 2^6 = \qquad 64 \qquad 2^{16} = \qquad 65,536$$
$$2^1 = 2 \qquad 2^8 = \qquad 256 \qquad 2^{32} = 4,294,967,296$$
$$2^2 = 4 \qquad 2^{10} = \quad 1,024$$
$$2^4 = 16 \qquad 2^{14} = 16,384$$

たとえば，英字の大文字と小文字，それに数字（合計62個）は2進記号6個で表すことができるが，これにスペース，ピリオド，コンマ，セミコロンなどが加わると64個を超すので，2進記号が7個必要となる．また，ふつうに使う日本文字の総数は約10,000あり，これを表すには14個の2進記号が必要である．これをふつうは「日本文字は14ビットで表せる」という．2進記号とそれが担う情報量とを混同した言い方であるが，ほとんどの場合誤解は生じない．

2進記号は処理の単位としては細かすぎるので，いくつかまとめて扱うことが多い．おもに数字（10個）を表すための4個，英文字や記号を表すための8個，日本文字などを表すための16個，などである．8個の2進記号をまとめたものを**1オクテット（octet）**または**1バイト（byte）**と呼ぶこともある．

4.2 計算の手順

4.2.1 2進数の計算手順

2進数の加算の手順は，10進数のそれとまったく同じで，ただ扱う記号の数(2)がきわめて少ないだけである．1桁の加算規則は

$$0 + 0 = 0, \ 0 + 1 = 1, \ 1 + 0 = 1, \ 1 + 1 = 10$$

という4つのみである．あとは下の桁からの繰上りを考慮に入れればよい．$41 + 11 = 52$の例を示す．

$$41 = \mathbf{1} \times 2^5 + \mathbf{0} \times 2^4 + \mathbf{1} \times 2^3 + \mathbf{0} \times 2^2 + \mathbf{0} \times 2^1 + \mathbf{1} \times 2^0$$

56　第4章　計算の実現

$$11 = \mathbf{1} \times 2^3 + \mathbf{0} \times 2^2 + \mathbf{1} \times 2^1 + \mathbf{1} \times 2^0$$

```
      101001  (41)
  +     1011  (11)
  ─────────────
      010110  (下の桁からの繰上り)
  ─────────────
      110100  (答)
```

$$\mathbf{1} \times 2^5 + \mathbf{1} \times 2^4 + \mathbf{0} \times 2^3 + \mathbf{1} \times 2^2 + \mathbf{0} \times 2^1 + \mathbf{0} \times 2^0 = 52$$

この例で見るとおり，2進数の加算も10進数のそれとまったく同様に，基本的な1桁ごとの加算を，下の桁から繰り返して行う．一方，乗算の規則は

$$0 \times 0 = 0, \ 0 \times 1 = 0, \ 1 \times 0 = 0, \ 1 \times 1 = 1$$

の4個である．通常の掛け算の「九九」の規則が何十個もあるのに比べると極端に少ない．このことは計算処理の機械化にとって有利な点である．

　2進数の乗算は，乗数に含まれる "0" と "1" とに従って，被乗数を2倍，4倍，8倍としながら加えてゆくだけで実行できる．2倍，4倍等は単なる桁ずらしで実現できる．$5 \times 11 = 55$ の例を示す．

$$5 = \mathbf{1} \times 2^2 + \mathbf{0} \times 2^1 + \mathbf{1} \times 2^0$$
$$11 = \mathbf{1} \times 2^3 + \mathbf{0} \times 2^2 + \mathbf{1} \times 2^1 + \mathbf{1} \times 2^0$$

```
        101   (5)
    ×  1011  (11)
  ─────────────
        101   …101 × 1
        101   …101 × 1
        000   …101 × 0
        101   …101 × 1
  ─────────────
      110111
```

$$\mathbf{1} \times 2^5 + \mathbf{1} \times 2^4 + \mathbf{0} \times 2^3 + \mathbf{1} \times 2^2 + \mathbf{1} \times 2^1 + \mathbf{1} \times 2^0 = 55$$

除算も同様で，乗算と減算の組合せで実行できる．

4.2.2　2進数の計算回路

　前節では "手順" としての計算方法を見たが，コンピュータにやらせる場合は，記号の適当な表現とその変換機構とを与える必要がある．

(a) 2進記号の表現

コンピュータの中での2進記号は人間に読める必要はなく，"2通り"がきちんと存在しさえすればどんな表現でもよい．たとえば電気的な回路では，"スイッチが閉じている／開いている"，"電気が流れている／流れていない"，あるいは"電圧が高い／低い"などを2進記号と対応させる．また，光演算装置では"光がついている／消えている"が，磁気を利用する回路では"磁束がある／ない"が，それぞれ2進記号と対応する．これらを**物理表現**と言う．物理表現は，利用する装置や物質に都合のいいように適時選択される．通常のコンピュータでは電流の多少あるいは電圧の高低で表現することが多い．

(b) 加算の回路

1桁の加算規則を"$a + b \rightarrow c$，繰上げd"の形に書くものとしよう．aとbのすべての場合（4通り）を示すと次の表のようになる．

a	b	c	d
0	0	0	0
0	1	1	0
1	0	1	0
1	1	0	1

これを見ると，cとdの値が次の規則に従っていることがわかる．

　　　cはaとbの"どちらか一方だけが1"のとき1，そうでなければ0

　　　dはaとbの"両方とも1"のとき1，そうでなければ0

aとbを与えてcとdを決めるものを**半加算器**（**half adder**）と言う．これが2進数加算の基本となる．2桁以上の場合には，下の桁からの繰上りも加える必要があるので，3個の2進記号から2個の2進記号（答と繰上り）を決める**全加算器**（**full adder**）を使う．全加算器の構成の例を図4.1に示す．ここで OR は，どちらか一方だけ，あるいは両方が1のとき1，両方とも0であるときだけ0を結果とする回路であるとする．

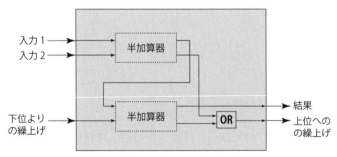

図 4.1 全加算器

さらに，この全加算器を直列に何個かつなげば，望みの 2 進桁数の加算器が構成できる．2 つの 4 ビット 2 進数

$a_3a_2a_1a_0$ と $b_3b_2b_1b_0$

を加えて，結果

$c_3c_2c_1c_0$

と全体からの繰上げとを出力する 4 ビット加算器を図 4.2 に示す．

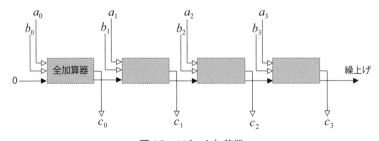

図 4.2 4 ビット加算器

(c) 組合せ回路とゲート

ここで述べた半加算器や全加算器（や 4 ビット加算器）のように，いくつかの 2 進記号を受け取って，定められた 2 進記号（の集まり）を結果として出すものを**組合せ回路**（**combinatorial circuit**）と呼ぶ．組合せ回路は，ゲートと呼ばれる基本的な機能要素の組合せで実現することができる．

2 進記号に関する単位的な処理（両方とも 1 なら 1 を出す（AND），どちらかが 1 なら 1 を出す（OR），1 と 0 を反転する（NOT），など）を行うも

のを**ゲート**（**gate**）と言う．ゲートは最も単純な組合せ回路であるとともに，これを組み合わせることによって，任意の組合せ回路が構成できる．これは第2章で触れた命題論理の演算と対応している．2進記号の物理的な表現に従ってさまざまな（実際の）ゲートが考案されている．ゲートの振舞いと半加算器の構成例を図4.3，4.4に示す．

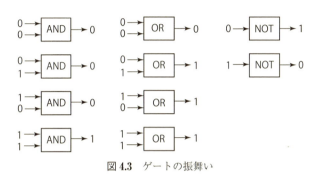

図 **4.3** ゲートの振舞い

組合せ回路の基本であるゲートでは，入力記号が変化してから出力が定められた値になるまでに若干の時間がかかる．これは，ゲートの動作が物理現象を利用している限り，0 にはできない時間である．この時間

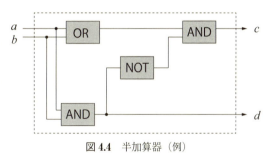

図 **4.4** 半加算器（例）

の長さを**ゲート遅れ**（**gate delay**）と呼ぶ．代表的なゲート遅れは 10～100 ピコ秒（100 億分の 1 秒～1000 億分の 1 秒）ぐらいである．

(d) 順序回路とフリップフロップ

組合せ回路は，基本的には"与えられた値（の集まり）を決まった式で変換する"機能をもつだけであり，過去の履歴によって違う値を出したり，出力値を保存しておいたりすることはできない．このような"値の記憶機能"を実現するためには，組合せ回路に一種のフィードバックを導入する．例として，図4.5のような，AND 回路を 2 つ使ったものを考えよう．

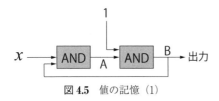

図 4.5　値の記憶（1）

この回路では，入力 x が 1 であれば，A = B = 1 でも A = B = 0 でも安定する．すなわち，これだけで 1 ビットのデータが記憶できる．このような回路を**双安定**（**bistable**）な回路と言う．ところが，x を 0 にすると A = B = 0 の方にだけ落ち着いてしまい，A = B = 1 にすることができない．つまり"0 しか書き込めない"ことになる．"0 も 1 も書き込める"ようにするためには，途中に NOT ゲートを含むフィードバックを構成する（図 4.6）．

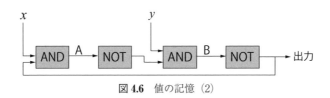

図 4.6　値の記憶（2）

今度は，入力 x と y の両方が 1 であれば，A = 1，B = 0，あるいは A = 0，B = 1 という 2 つの状態のどちらかで安定する．前の回路と違うところは，x だけを 0 にすると A = 0，B = 1 の状態になり，y だけを 0 にすると A = 1，B = 0 の状態になることである．しかもこれらの状態は，$x = y = 1$ に戻しても保存される．これで完全な 1 ビットの記憶回路が構成できた．これを**フリップフロップ**（**flip-flop**）回路と呼ぶ．なおふつうは，x と y がもっと対称的な形となる図 4.7 のように描く．

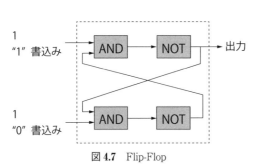

図 4.7　Flip-Flop

フリップフロップのように，内部的に値を記憶することによって，外から与えられる値が同じであってもいろいろと異なる出力値を出し得る回路を**順序回路**（**sequential circuit**）と呼ぶ．

4.3 コンピュータの構成と性能

4.3.1 基本構成

ゲートは演算処理の基本であり，フリップフロップはデータを蓄えておく基本である．実際のコンピュータはこれらを大量かつ複雑に組み合わせて作られている．いくつかの要素を示そう．

(a) 記憶装置

1ビットのデータを記憶するフリップフロップを大量に並べれば，複雑なデータを記憶しておくことができるが，問題はその内容の更新と読出しである．この処理をやりやすくするために，ふつうは1ビット単位ではなく1バイト単位にまとめて，さらにその位置を示す値である**番地（アドレス）**をつける．0番地，123番地，742,609番地といった具合である．そして，番地を表す数値データ（を表す2進記号の集まり）と"読め"という信号を受け取ると，指定された番地の内容を送り出すようにしておく．記憶していた内容はそのまま残る．また，番地データと書込み内容，それに"書け"という信号を受け取ると，指定された番地に渡された内容を書き込む．このように作られたものを**記憶装置**（**memory unit**）と呼ぶ（図4.8）．

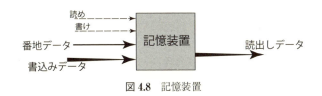

図4.8 記憶装置

記憶装置は，番地を変数名とする変数の集まりと考えることができる．

(b) レジスタ

後で述べる演算に使用するために，フリップフロップを8個や16個，または32個というぐあいにまとめておくことが多い．これを**レジスタ**（**register**）と呼ぶ．個々のレジスタの大きさやレジスタの数はコンピュータによってさまざまである．コンピュータを特徴づける場合に，レジスタの大きさを使って，たとえば"16ビットマシン"とか"64ビットコンピュータ"と言

うこともある．レジスタの大きさは，記憶装置への読み書きの単位，あるいはその整数倍とする．

(c) ゲートとバス

ANDゲートの2個の入力は本来は対等であるが，片方を制御信号，他方をデータと考えると，

　　制御信号が0なら結果は常に0に，

　　制御信号が1なら結果は常に"データと同じ"に

なることがわかる．すなわちANDゲートは門（**gate**）の機能をもっている．ゲートの名の由来である．このANDゲートを並べて，制御信号を共通にしておくと，たくさんの2進記号からなるデータを，結果側へ出したり出さなかったりすることができる．これも**ゲート**と呼ばれる（図4.9）．

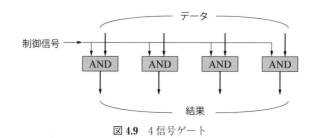

図 **4.9**　4信号ゲート

ANDゲートもORゲートも，入力の数は2とは限らず，もっと多いものもある．そのようなORゲートでは，いくつかのデータを"寄せ集める"働きをさせることができる．これらを組み合わせると，まとまったデータをある場所から別の場所へ移すための，"共通の道"のようなものを作ることができる．これを**バス**（**bus**）と呼ぶ．バスの概念図を図4.10に示す．

この図では，A，B，CのうちのBが選ばれてバスにそのデータが流され，X，Y，ZのうちのZがそのデータを取り込んでいる．

実際のバスのデータ取込み側では，回路への入力が"つながっていない"ようにすることができるスリーステートバッファというものが使われる．上図のデータ取込み部のAND回路は，入力が0の場合はあたかもバスから切り離されたように振る舞う．これにより1本のバスに多数の出入り口を接続できるようになる．

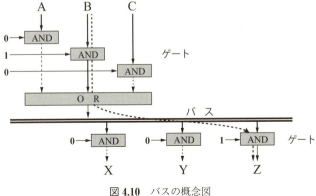

図 4.10 バスの概念図

(d) 演算装置

　全加算器を組み合わせると，まとまった2進記号で表される数値の加算ができる．このような加算器や減算器，乗算器や除算器，それにそれらの数値を保持するレジスタをまとめたものを**演算装置**（**arithmetic unit**）と呼ぶ．演算装置では，単項演算（与えられた1つの数に処理を加えたものを結果とする），2項演算（2つの数の演算結果を結果とする）などを行う．前者の例には符号反転，絶対値，開平などがあり，後者の例としては四則演算や値の比較などがある．

(e) 入出力装置

　実際に使用するコンピュータについては，それに稼働命令やデータを与えたり，計算結果を読み取ったり，印刷したりすることができなければならない．一般に，外部からコンピュータへデータを与えることを**入力**（**input**），そのための装置を**入力装置**（**input device**）と呼ぶ．同様に，コンピュータから外部へデータを提示することを**出力**（**output**），そのための装置を**出力装置**（**output device**）と呼ぶ．

　入力装置としては，人間が直接に手で操作するキーボード（文字入力），マウスやタッチパネル（位置入力），ボタンなどの他に，写真などを読み込む画像入力や，通信回線やセンサーなどからデータを取り入れるものがある．また出力装置としては，人間が直接に目で見るディスプレイ（画像出力）の他に，印刷装置，音声出力装置，回線出力装置，などがある．

(f) 制御装置

コンピュータによるデータ処理では，データは外部から入力装置を経て記憶装置へ取り込まれ，そこから読み出され演算装置により処理されて記憶装置に結果が蓄えられ，出力装置を経て結果が外部に提示される．このような全体の流れを制御するものを**制御装置**（**control unit**）と呼ぶ．制御装置では，入出力装置の起動・停止，記憶装置へのアクセス，バスを使ったデータの転送，演算種類の指定，制御のためのデータの読出し，などを行う．

(g) プログラム

制御装置はデータの流れの制御や演算の実行を指令するが，それはあくまで"個別の制御"である．それらの指令をどのような順序でどのように組み合わせて所要の結果を得るかというやり方，すなわちアルゴリズム自体は，制御装置の中には組み入れられていない．アルゴリズムを具体的な制御の流れとして表現したものを**プログラム**（**program**）と呼ぶ．もっとも初期のコンピュータではプログラムは固定的な配線の集まりの形で表されていたが，すぐに"指令"を符号化したデータ列として表現されるようになった．これによってプログラムを入力装置から読み込んだり，記憶装置に格納したりできるようになったうえに，新しいプログラムを計算によって作り出したりできるようになった．このようにしてコンピュータは，機械的な内容構成を変

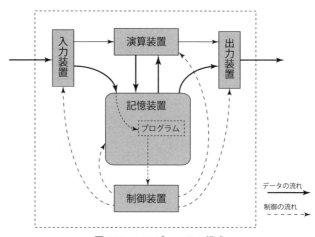

図 **4.11** コンピュータの構成

えないでも多種多様なアルゴリズムを実行することができるのである．この一般的な流れを図 4.11 に示す．実線の矢印で示されているデータの流れは，実際にはバスを経由することが多い．

4.3.2　コンピュータの性能と規模
(a) 処理速度
　コンピュータの速さは，要素となるゲートのゲート遅れの大きさと，1 つの処理を終了するまでに信号が通過するゲートの数（**段数**と言う）に依存する．ゲートの段数は，コンピュータが複雑になると大きくなる傾向にある．また，ゲート遅れは，現在最も速い回路で数十 ps（100 億分の 1 秒以下）の程度である．

　コンピュータの一般的な動作では，
(1) レジスタのようなフリップフロップの集まりが表す値をゲート（の集まり）に与え，
(2) その結果の値が安定するのを見はからって別のフリップフロップの集まりに格納し，
(3) それが済んだら再び最初のフリップフロップ群に値を移す，

ということを繰り返す（図 4.12）．この繰返しを制御する信号を**クロック**（**clock**）と呼ぶ．クロックの繰返し周期は，ふつうのパソコンでは 20 億分

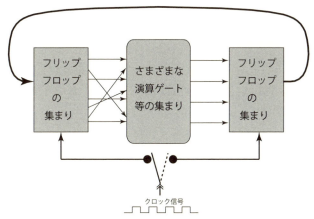

図 4.12　コンピュータ回路の基本構成

66 第4章 計算の実現

の1秒程度，超高速コンピュータでは100億分の1秒に達する．もちろんクロック周期が短いほどコンピュータは速く動作する．

(b) 記憶容量

実際のコンピュータでは2進記号をさまざまな物理形態（電圧，電流，磁束，量子状態など）で記憶する．記憶装置に記憶できる2進記号の数を，その装置の**記憶容量**と呼ぶ．また記憶装置では，データを書き込んだり読み出したりするのに，ある時間が必要である．この時間を短くするには，実際に記憶を行う部分の動作が速いばかりでなく，複雑で高速な電子回路が必要となる．おもに製造価格の面からの制約により，高速な読み書きを行うことができる記憶装置は，その容量が小さい．これとは逆に，回転する磁気円盤上にデータを記憶する磁気ディスクなどでは，読み書きの速度は遅いが大容量が実現できる．代表的な記憶容量は，超高速記憶回路で 10,000,000 バイト，高速記憶回路で 2,000,000,000 バイト，低速な磁気記憶で 1,000,000,000,000 バイト程度である．

このように大きい数値を表現する場合には，K（キロ，1000），M（メガ，1,000,000），G（ギガ，1,000,000,000），T（テラ，1,000,000,000,000）という補助単位を使う．これを使うと，たとえば上記の容量は，それぞれ 10 M バイト，2 G バイト，1 T バイトとなる．

(c) 複雑度

コンピュータは進歩するにつれてその複雑度を増す．そのおもな理由は，扱うデータ単位の増大と処理速度の向上である．コンピュータの複雑さはおもにゲート数（AND／OR のレベル）で測られる．単純なものでも数千ゲート，最新鋭の複雑なものでは数十億ゲートに達する．

4.3.3 コンピュータ構成の高度化

前節では計算機械としてのコンピュータの基本的な要素と構成とを見た．現代のコンピュータはこれを基本としながら，さまざまな構成上のくふうを施すことによってきわめて高速かつ大量のデータ処理を行っている．いくつかの例を示す．

(a) 演算の高速化

これまでに示した全加算器を直列につないだ加算器では，最下位桁からの

繰上げ信号が順に上位桁に伝わってゆくので，最終結果が確定するまでには，全加算器の遅れの桁数倍ぐらいの時間が必要である．ここで，加算器を上位と下位に分けて考えてみよう．上位の半分は，下位からの桁上げのある／なしを待って計算を始めている．ここで，下位からの桁上げが0であると仮定したとすると，上位桁の計算は下位桁と同時に始めることができ，両方の計算は同時に終了する．つまり，これまでの半分の時間で計算が終了するのである．

もちろん，ここでの「0の仮定」は外れることもある．そこで，上位桁についてはもう1つ加算器列を用意して，こちらは「1の仮定」で動作させる．最後に，下位桁からの桁上げを調べて，「0の仮定」と「1の仮定」の結果の正しい方を選べばよい．このように加算器を構成すれば，「0の仮定」と「1の仮定」のどちらかの計算は無駄になるが，全体の計算時間を約半分とすることができる（図4.13）．このやり方は**桁上げ予測方式**と呼ばれる．また，全体を半分ではなく4分割，8分割することによって，計算時間を更に短くすることが可能であるが，ほぼ2倍の全加算器と結果の値選択のための回路が必要となる．

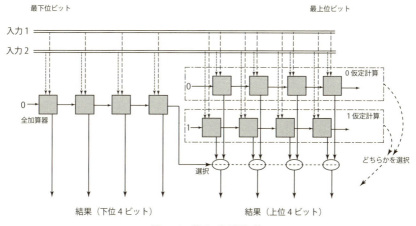

図4.13 桁上げ予測加算

加算器の高速化の別の方法として，**桁上げ先読み方式**がある．この方法では任意桁における桁上げの発生を記述する計算式をあらかじめ作成しておき，

一気に計算してしまうので速度は速い．しかし桁数が多くなると回路の複雑さが指数関数的に増加する．例として2桁目から3桁目への桁上げの計算回路を図4.14に示す．

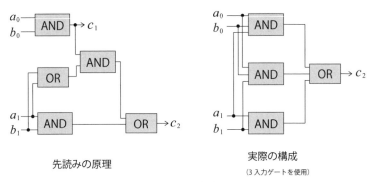

図 4.14　桁上げ先読み回路

(b) 動作の並列化

コンピュータの回路の中では，演算や制御に関するさまざまなデータが流れてゆく．このデータの中には，処理される順番がきちんと決まっているものと，それほど順番通りでなくてもよいものがある．たとえば単純なA＋B＋C＋Dという計算では，頭から順に((A＋B)＋C)＋Dと計算しても，(A＋B)＋(C＋D)と計算しても，結果は同じである．またもし仮に加算器が2個あって並列に使えるものとすると，A＋BとC＋Dは同時に計算できて，全体の計算時間を短くすることができる（図4.15）．このような考え方により現代のコンピュータでは演算回路が複数，それも8個や16個，あるいはそれ以上備えているのが普通である．

命令の実行についても動作の並列化による高速化が図られている．コンピュータの命令の基本的な動作は次の3ステップの繰返しである．

> 命令を主記憶から取り出す
> 命令を解釈する
> 命令を実行する

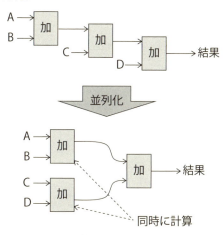

図 4.15　演算の並列化

　これらを取り扱っている回路はもちろん別々に動作させられるので，たとえば2つ前の命令を実行している間に1つ前の命令を解釈し，さらに同時に次の命令を読み出したりすることができる．この様子をある1つの命令に関して見ると，取出し，解釈，実行の各段階を順に通過するようになっている．これを命令実行の**パイプライン方式**と呼ぶ．現在の一般的な命令パイプラインでは，1つの命令を次のように分解して実行する．

1. 命令のメモリからの読出し（Instruction Fetch）
2. 命令の解釈（Instruction Decode）
3. 命令の実行（Execute）
4. 演算データのメモリアクセス（Memory Access）
5. 結果のメモリへの収納（Write Back）

実行全体の様子を図4.16に示す．

　命令パイプラインは普通の処理装置で実現されている．その段数は，ここで示した3段や5段にとどまらず，10段や20段のものもある．ただし，命令実行の流れは条件判断や飛越しなどで乱れるので，パイプラインでの予測が外れることもあり，段数分の高速化が実現できるわけではない．

パイプラインなし

クロック→	①	②	③	④	⑤	⑥	⑦	⑧	⑨	・・・
第1命令	IF_1	ID_1	EX_1	MA_1	WB_1					
第2命令						IF_2	ID_2	EX_2	MA_2	

5段パイプライン

クロック→	①	②	③	④	⑤	⑥	⑦	⑧	⑨	・・・
第1命令	IF_1	ID_1	EX_1	MA_1	WB_1					
第2命令		IF_2	ID_2	EX_2	MA_2	WB_2				
第3命令			IF_3	ID_3	EX_3	MA_3	WB_3			
第4命令				IF_4	ID_4	EX_4	MA_4	WB_4		
第5命令					IF_5	ID_5	EX_5	MA_5	WB_5	・・・

図 4.16　命令パイプライン

(c) 処理装置の多重化

　動作の並列化を実現するためには，それぞれの処理を行う装置（回路）が同時並列的に動作する必要がある．加算器の複数化や命令実行のパイプラインではその種の構成が使われている．このようなコンピュータの部分回路の多重化による処理速度の高速化は広く行われてきた．この考え方を一歩進めて，コンピュータの処理装置そのものを多重化するやり方が盛んになった．コンピュータの処理装置を **CPU**（**Central Processing Unit**）と呼ぶが，その中にコンピュータとしての機能そのものを収めたコアと呼ばれる部分を複数個含める方法である．現在ではコアの数が4から12個程度のものまで実現されている．このような複数コアのCPUでは，数式の並列実行というような小さな単位ではなく，ひとまとまりの仕事を行うプロセスの単位での並列実行が行われることが多い．

　現代のスーパーコンピュータと呼ばれる機械では，このような複数コアのCPUを（さらに）複数個収めたユニットを何千何万という数だけ結合し，超大容量な記憶装置に結合して動作する．2016年現在で最速のスーパーコンピュータは1,000万個以上のユニットを結合し，1秒間に9京（= 9,000兆）

回以上の演算を実行できる.

4.4　計算機械の発展

　計算を機械的に，すなわち人間の介在なしに実行する装置の必要性は，計算という行為が人間の活動にとって重要になってくるにつれて高まってきた．とくに商業における"数値"と"関係"の扱いがデータと計算に対する需要を爆発的に増大させてきた．ここではそのごく概略を示す．具体的な経緯については巻末に付録として示した．

4.4.1　計算素子

　さまざまな情報処理をモデル化するためには，何らかの物理的な素子が必要である．手作業を機械化した最初の例はパスカル（B. Pascal）の加算器（1642年）であり，歯車などが使用された．これを大幅に複雑化したバベッジ（C. Babbage）の解析エンジン（1871年）は当時の機械工作の限界から実現せず，電気仕掛けを待つことになる．1889年にはホレリス（H. Holerithl）によるパンチカード機械が作られ，大量データの機械的処理に道を開いた．

　電気的な計算素子の始まりは電磁石の作用を使用するリレー（継電素子）である．電流の ON–OFF に従って複数の電気回路を制御できるリレーは，組み合わせることによって論理回路を構成することができる．動作速度は数ミリ秒程度である．これに続いたのが，電子の流れである電流を真空中で実現した真空管で，ON–OFF のスイッチング速度は数マイクロ秒と劇的に高速化した．1946年に稼働したコンピュータ ENIAC には約 18,000 個の真空管が用いられ，10進10桁の数値の乗算を3ミリ秒で実行した．

　電流を真空中で扱う真空管がもっている大きさや信頼性の面での限界は，半導体を用いた素子によって破られた．シリコンなどの電気を流さない絶縁体に少量の不純物を入れて導電性をもたせた半導体（semi-conductor）は，固体の中での電流制御が可能であり，増幅器やスイッチング素子が作られた．その要素はトランジスタ（transistor）と呼ばれ，1947年に発明された．さらに，半導体の表面上の複雑な回路を写真製版の技術を用いて作成する**集積**

回路（**integrated circuit**，**IC**）の技術が1958年に発明され，その後の情報技術を支えている．ICの規模は構成するトランジスタの数で測られるが，コンピュータの主要部をまとめて作成する大規模LSI（**VLSI**）になってからは，最初期のIntel 4004（1971年）の2300ゲート，Intel 8086（1978年）の29,000ゲート，Intel Pentium（1993年）の320万ゲートと伸びてゆく．これは，回路の基本的な導線の幅（線幅）の縮小によるもので，Intel 4004での線幅は10マイクロメータ（100分の1ミリメータ），Intel Pentiumでは350ナノメータ（3,000分の1ミリメータ）と縮小されている．昨今では，線幅30,000分の1ミリメータで数十億ゲートのものも珍しくない（図4.17）．

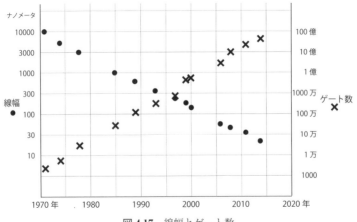

図4.17 線幅とゲート数

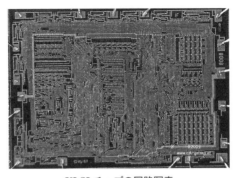

VLSIチップの回路写真

回路自体も一平面にではなく，各種の部分が何十もの多層構成となってきている．

4.4.2 スーパーコンピュータ

コンピュータはある意味万能であり，人間が直面するさまざまな計算を実行することができるが，大規模な数値計算を必要とする分野も多い．そのために作られているのがスーパーコンピュータと呼ばれる一群のコンピュータである．そのはしりはクレイリサーチ社のCray-1（1976年）であり，1秒間に8,000万演算を実行した．スーパーコンピュータでは実行できる浮動小数点演算（floating point operation, FLO）の毎秒あたりの数（per second, PS）で性能を示すFLOPSという指標を用いる．上記のCray-1は80 MFLOPSの性能となる．Mはメガ（Mega）で100万を示す．

数年後にはすでに日本電気社のSX-1（1983年）が1200 MFLOPSを達成している．ギガ（Giga）という10億を表す補助単位を使うと1.2 GFLOPSとなる．次の補助単位であるテラ（Tera，1兆）で測る速度としては，東京大学のGrape-5（1998年）が1 TFLOPSを記録している．その後は2002年の地球シミュレータ（日本電気）の約36 TFLOPS，その2代目（2009年）の1300 TFLOPSと進む．ここで次の補助単位ペタ（Peta，1000兆）が必要となり，富士通・理研の京（2012年）の10 PFLOPSを経て，2016年には

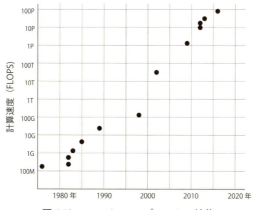

図 4.18　スーパーコンピュータの性能

スーパーコンピュータ「京」
©AFP/RIKEN/HO

神威太湖之光という名前の中国産スーパーコンピュータが93 PFLOPSを達成している（図 4.18）．

4.4.3 オペレーティング・システム

現実のコンピュータはきわめて複雑な構造を持ち，多数のサブシステムが協調的に操作しながら計算を行っている．このような状況について，人間が個々の問題ごとにすべての設定を行うのは至難の業である．ごく初期のコンピュータにおいては，ユーザの要求に応じて計算環境を調整することを仕事とするオペレータと呼ばれる専門の要員が存在した．コンピュータの利用者はおおまかな項目をオペレータに伝えれば計算の作業を行うことができた．

このオペレータの作業の自動化のはしりは，IBM 社における Fortran モニタ（1955 年）であり，言語処理系である Fortran を中心として，入出力データや利用するメモリ確保等に関する作業が自動化され，全体の処理能力が向上した．その後，1 台のコンピュータを多人数で同時に使用するためのタイムシェアリングシステム（TSS），個人用コンピュータの制御を行うシステムなどが作られた．これらを**オペレーティングシステム（Operating System, OS）**と呼ぶ．

オペレーティングシステムでは，プログラムの実行，メモリの管理，入出力の管理などの他，画面を介した人間のユーザとのやりとりなどが行われる．とくに現代のコンピュータでは複数の CPU，階層化されたメモリ，ネットワーク入出力など，OS はたくさんの作業をこなしている．

問題

4.1 2進数の割り算の手順を，できるだけ簡明に示せ．

4.2 本章で示した半加算器，全加算器，4ビット加算器のそれぞれについて，ゲート遅れの総和が最大でゲート何個分になるかを示せ．

4.3 1秒間に1バイトずつ読むものとして，1Tバイトを読むのに必要な時間を概算せよ．

4.4 図4.17を用いて，2030年における線幅とゲート数を予測してみよ．

考え事項

4.1 64ビット加算を桁上げ予測方式で高速化する場合，何分割ぐらいが最適かを考察せよ．

4.2 図4.14を参考として，もう1桁多い先読み回路を構成せよ．

第5章 アルゴリズムとその表現

> 情報処理を適切に行うには，適切なデータを選択し，それに対して適切
> な計算を実行しなければならない．そのためには，データや計算をきち
> んと定義し，表現する必要がある．本章では，このための基礎概念であ
> るアルゴリズムについて調べる．

5.1 アルゴリズムと計算モデル

5.1.1 知能と情報処理

よく「コンピュータは一から十まで教えてやらないと動かないからバカ
だ」と言われる．「融通がきかない」，「曖昧なものが扱えない」，はては「だ
から感性を扱うのは不可能だ」という言も多い．このあたりは"人間対機械"
という一種の哲学的議論に踏み込んでしまう恐れがあるので，話題を変えて
"融通がきくこと"の意味を考えてみよう．

"融通がきくこと"の意味は，「あらゆる状況に対処する完全なやり方は与
えられていない」にもかかわらず，「（他のデータや知識などを使って）それ
なりの適切な処理をする」ということである．不完全な情報だけから（ある
判断基準から見て）適切な処理を選択する能力，ということもできる．

人間も，生まれたときから融通がきいて曖昧なものが理解できるわけでは
ない．長い時間をかけてさまざまな状況におけるさまざまな事態を経験し学
習することによって，初めて"人間らしく"なるのである．このような経験
や学習によって，知識や推論能力を獲得してゆく．したがって問題は"知識"
や"推論"の本質ということになる．計算機科学の関連では，**人工知能**
（**artificial intelligence，AI**），**認知科学**（**cognitive science**）といった分
野でこの問題を扱っている．そこでは，知能的振舞いや認知の行為の情報処
理過程としての把握と解明とを追求している．

78 第5章 アルゴリズムとその表現

5.1.2 アルゴリズム

"適切な処理を選択する"ためには，選択するための明確な基準をもっていることが必要である．たとえば，同じ"きれいにする"状況にも，"顔をきれいにする"，"玄関先をきれいにする"，"座敷をきれいにする"，などのいくつかの状況がある．ここではその対象（"顔"，"玄関先"，"座敷"）によってそのやり方を変えることが必要である，間違っても座敷に打ち水をしたり，玄関前の道路に"おしろい"を塗ったりしてはいけない．

この場合の選択能力は，対象それぞれに対する"適切な処理の集合"の知識に依存する．われわれは，"顔"という対象を"処理"するさまざまなやり方の中から，"きれいにする"に最も合致するものを選択するのである．すると今度は，"最も合致する"ことを判定するための，明確な基準や手順が必要となる．

このようにして，一見すると包括的な能力に見える"処理能力"も，分析してゆくと段々と要素的なものに分解されてゆく．しかもそれぞれの要素処理について，手順や条件が"明確であること"が要求される．これが「知能的振舞いを情報処理過程として把握する」ことの意味である．

したがって，これらの学問の基本となるのは，情報処理の手順を明確に記述するアルゴリズムである．アルゴリズムは計算機科学の中心概念の1つであり，これをめぐってさまざまな理論が展開されてゆく．なお，厳密な定義では"明確な手順記述で，その実行が必ず停止するもの"がアルゴリズムであるが，ここでは簡単のために，停止性は問わないことにする．このことからもわかるように，アルゴリズムには"実行"の概念が不可欠である．アルゴリズムとその実行については本章の最後で再び触れる．

5.1.3 計算モデル

明確な記述を求められる例として，事実報道について考えてみよう．そこでは記事を書くときの指針として，5W1Hが掲げられている．記事の中に含めることが必要な要素である．

Who	誰が…した
What	何を…した
When	いつ…した

Where	どこで…した
Why	なぜ…した
How	どのように…した

この6項目があればほぼ完全に事実が伝えられるというわけである．情報処理の立場では，「誰かに頼む」という場合を除いて「誰が」というのはふつうは省略する．また「いつ」，「どこで」，「どのように」，という3項目は，「…した」という項目の修飾と考える．処理の目的を問題とする「なぜ」という項目を別とすると，残るのは，

　　　何　を　どうした

というものだけになる．

処理手順を明確に記述するには，何を扱うのか（処理の対象）と，どうするのか（処理の種類）とが決まっていなければならない．この"処理の対象と処理の種類"とをまとめたものを，**計算モデル（computation model）**と呼ぶ．2進数の加算を行う計算モデルでは，処理の対象は2進記号の集まりであり，処理の種類は記号の参照と（規則に従った）記号の生成である．構造を扱う計算モデルでは，処理の対象は構造を表す要素であり，処理は条件に従った構造の変更である．

ちょっと趣向を変えてケーキ作りについて考えよう．"ケーキを作る"アルゴリズムのための計算モデルでは，処理の対象は小麦粉，バター，砂糖，といった材料であり，処理の種類は，測る，混ぜる，こねる，型に入れる，焼く，といった操作である（図5.1）．

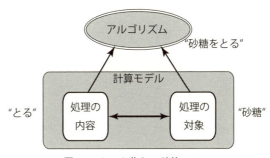

図 **5.1**　ケーキ作りの計算モデル

5.1.4　アルゴリズムの表現

アルゴリズムについての議論をしたり，他人へ伝達したりするためには，

80 第5章 アルゴリズムとその表現

アルゴリズムを表現する方法が必要である．ケーキ作りの例では，アルゴリズムの処理の要素としては，たとえば

　　　"砂糖を 100 グラムとる"
　　　"砂糖とバターとを混ぜる"
　　　"ねばりが出るまでこねる"

などとなろう．この文章表現の中では，処理の対象は"砂糖"，"バター"および"砂糖とバターの混合物"である．また処理の内容は"とる"，"混ぜる"，"こねる"である．さらに，これらを修飾するものとして"100 グラム（の砂糖）"，と"ねばりがでるまで（こねる）"が使われている．ここで使われる用語の集まりを**語彙**（**vocabulary**）と呼ぶ．

　ここで注意すべきことは，これらの表現が，"日本語の規則に従って"並べられて，1つのアルゴリズムを表現していることである．これが英語の世界になれば用語も規則も英語のそれになるので，日本語の場合とは当然表現が異なってくる．また，ケーキ作り専用の記述方法（というのがもしあればそれ）では，たとえば

　　　get (*sugar*, 100) ;
　　　mix (*sugar*, *butter*) ;
　　　while not *sticky* **do** *knead* (*substance*)

　　　　　　　　（注：*sticky*：ねばねばする，*kneed*：こねる）

などとなろう．これでわかるように，アルゴリズムを表現する際には，特定の規則に従う必要がある．記述のためのこのような枠組みのことを**構文**（**syntax**）と呼ぶ．これに対して，表現されている内容そのものを**意味**（**semantics**）と呼ぶ．

　構文と意味という枠組みは，何かを表現する局面では必ず現れる重要な概念である．そして，構文と意味とを合わせたものを**文法**（**grammar**），語彙を文法に正しく従って並べて作られるものを**文**（**sentence**），そして，ある文法によって生成され得るすべての文から成る集合を**言語**（**language**）と呼ぶ．この言語という概念は，われわれが普通に用いているものと同じである．一般に，ある言語に含まれる文の数は無限である（図5.2）．

　計算モデルあるいは言語においては，意味の内容が重要である．たとえば"砂糖を 100 グラムとる"と表現した場合には，「適切な大きさのボウルを用

意しておいてその中に"とる"」という意味であることが想定されている．"ねばりが出るまでこねる"というのも，「直前までに用意した材料」が「こねる」対象であることが前提である．これらの意味規則を知らなければ，表現されたアルゴリズムも無意味なものとなる．

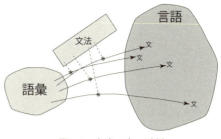

図 5.2　文法・文・言語

5.2 アルゴリズムの記述

言語にはさまざまなものがあり，日本語や英語のような**自然言語**（**natural language**）の他に，特定の目的で人工的に作られたものが数多く存在する．これらを一般的に**人工言語**（**artificial language**）と呼ぶ．ここでは，処理手順を記述するアルゴリズムを話の中心としているが，アルゴリズムの表現に際しては，とくに曖昧さが大敵であり，解釈に依存する部分がないことが望ましい．このような性質をもつように構文と意味とが構成された言語を，とくに**プログラム言語**（**programming language**）と呼ぶ．また，アルゴリズムを特定の言語で表現したものを**プログラム**（**program**）と言う．

プログラム言語では，第1章で示した"やり方のパターン"を表現する方法を提供する．本書では特定のプログラム言語の習得は目的ではないので，説明に適した，本書独自の記述方法を使うことにしよう．

5.2.1　数と式

数学者ガウスが子ども時代に天才を示したという問題を例にとってみよう．
　　1から100までの総和を求める．
この題意は次のようなことを要求している．
　　　$1 + 2 + 3 + 4 + 5 + 6 + 7 + \cdots\cdots + 97 + 98 + 99 + 100$ を求める．
ガウスは，足し算は順番によらないので，求める答は
　　　$100 + 99 + 98 + 97 + \cdots\cdots + 7 + 6 + 5 + 4 + 3 + 2 + 1$

と同じであると考えた．さらに，元の式とこの式とを並べると，求める値は
$$(1+100)+(2+99)+(3+98)+\cdots+(49+52)+(50+51)$$
であることから，結果を
$$101 \times 50 = 5050$$
と求めたのである．

　数の表記方法と式については，上のような常識的なやり方自体が充分に厳密なものであるので，そのまま使うことにする．

5.2.2　変数・代入・逐次処理

　ガウスの知恵も，問題がちょっと変わるとうまくいかない．
　　　1から100までの2乗和を求める．
求められているのは次の処理である．
$$1^2 + 2^2 + 3^2 + 4^2 + 5^2 + 6^2 + 7^2 + \cdots\cdots + 98^2 + 99^2 + 100^2 \text{ を求める．}$$
これを計算する素直な方法は，左から順番に"足しあげてゆく"ことである．そのためには，途中の結果を保存しておく変数が必要となる（図5.3）．

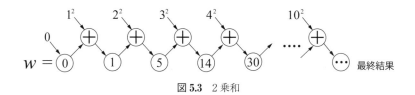

図5.3　2乗和

$w \leftarrow 0;$
$w \leftarrow w + 1 \times 1; \quad w \leftarrow w + 2 \times 2; \quad w \leftarrow w + 3 \times 3;$
$w \leftarrow w + 4 \times 4;$
　　　……
$w \leftarrow w + 98 \times 98; \quad w \leftarrow w + 99 \times 99; \quad w \leftarrow w + 100 \times 100$

この手順が完了したときには，最終的に求める値が変数wに入っている．"足しあげ"の準備として，まず最初にwに0を入れていることに注意しよう．ここでのwのように，変数については名前をつけ，その名前を指定すればその変数の"現在の値"が参照できるものとする．この"現在の値"を変更する操作，すなわち代入は，変数名を左辺においた代入指示（←）によって

指定する.

逐次処理については，いくつかの要素処理をセミコロン（;）でつなげて表現する．これは第1章で使った「それから，」に対応している．

5.2.3 反復処理

上に示した2乗和の手順記述はいかにも退屈である．加える数が規則的に変わってゆくだけで，ほとんど同じことが繰返し書かれているからである．そこで，このような手順記述を"折り畳む"ことを考える．

$w \leftarrow 0$;

for $i = 1..100 \{ w \leftarrow w + i \times i \}$

変数 i は反復の目的で導入されたもので，（反復の）制御変数と呼ばれる．

制御変数による反復は，反復回数があらかじめわかっている場合にしか使えないので，次のような問題には適用できない．

利率8%の複利預金で，元利合計がもとの2倍以上になる最短期間を求める．

$v \leftarrow 1.0$; $n \leftarrow 0$;

while $v < 2.0 \{ n \leftarrow n + 1$; $v \leftarrow v \times 1.08 \}$

変数 v と n の値の変化を示す．いずれも，条件判定の時点での値である．

n	0	1	2	3	4	5	6	7	8	9	10
v	1.000	1.080	1.166	1.260	1.360	1.469	1.587	1.714	1.851	1.999	2.159

答は n の最終の値である10となる．

なお，この計算では実数（浮動小数点数）を使っているので，その精度には注意する必要がある．たとえば，$n = 9$ における $v = 1.999$ という値が本当に2.0より小さいためには，もともとの数値"1.08"の精度が充分に高い必要がある．実際，"1.08"と書かれたものが0.00006だけ大きかったとすると，9回目の結果は2.0より大きくなり，答が10ではなく9となってしまう．

"反復"というと2回以上，少なくとも1回は"中身"を実行するもののように感じる．

年利8%の複利預金で元利合計がもとの k 倍（$k = 1$, 2, $\cdots$, 5）

84　第5章　アルゴリズムとその表現

以上になる最短期間を求める.

前と同じアルゴリズムを，"2.0"の部分を k にして繰り返せばよい.

> **for**　$k = 1..5$ {
> 　　$v \leftarrow 1.0;\; n \leftarrow 0;$
> 　　**while**　$v < k$ { $n \leftarrow n + 1;\; v \leftarrow v \times 1.08$ }
> 　　*print* (n, "年で", k, 倍")
> 　}

print は表示のための道具である．結果を示す.

> 0年で1倍
> 10年で2倍
> 15年で3倍
> 19年で4倍
> 21年で5倍

注目すべきは結果の最初の行"0年で1倍"である．もちろん，元利合計がもとの1倍になるのは"最初の時点"であるから，これで合っている．このように，while による繰返しでは，繰返し条件が満たされていなければ1回も反復しないこともある．while のこの性質は，0回反復を特別に扱う必要がないことから，アルゴリズムの記述をすっきりさせることに役立つ.

　同様に for についても，制御変数の初期値が最終値より大きい場合は，1回も反復しないものとしておく.

5.2.4　条件判定処理

　条件が成立したときに何かを"やる"処理である．指定した条件が成立しなかったときには別の何かを"やる"場合もある.

> うるう年ではない年の各月の日数を表示する
> **for** $m = 1..12$
> 　{ *print* (m, "月は ");
> 　　**if** $m = 2$ **then** { *print* (28) }
> 　　　　　　**else** { **if** $m = 4, 6, 9, 11$ **then** { *print* (30) }
> 　　　　　　　　　　　　**else** { *print* (31) }
> 　　　　}

$print("日です");$
　　　　　　　　　　}

結果は

　　1月は31日です　2月は28日です　3月は31日です　4月は30日です……10月は31日です　11月は30日です　12月は31日です

となる（図5.4）．

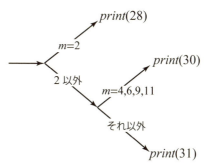

図 5.4 条件判定による場合分け

5.2.5 プログラムの部品化

これまでに述べた遂次処理，繰返し処理，条件判定処理を組み合わせ，変数がもつ"状態記憶機能"を利用することによって，ほとんどすべての計算処理が記述できる．数学的にはこれで構わないのであるが，表現が人間向きである場合には少し不都合なことがある．それは記述の分量と理解のしやすさである．

これまでに導入した処理は，基本的で非常に単純な内容しかもっていないので，複雑な処理手順を記述したプログラムは必然的に複雑になり，その分量はどんどん増大する．while，for，if，← といった記号の数で測ったプログラムの大きさは，単純なものでも数百，少し規模が大きくなると数万から数億にもなる．実用的なプログラムではこれが兆の単位にまでなる．この規模のものを常に全部理解し把握しておくことは人間の能力をはるかに超えている．

巨大なもの，あるいはきわめて複雑なものを構築したり理解したりするための唯一の手段は抽象化である．たとえばわれわれが"自転車"という場合，それは"前輪"，"後輪"，"車体"，"ハンドル"，"ペダル"，"チェーン"といったものの複合体を意味し，それぞれの要素を全部常に考えているわけではない．さらに"前輪"といっても，それはさらに"タイヤ"，"チューブ"，"リム"，"多数のスポーク"，"車軸"といったものの複合体である．これらはさらに複数の構成部品からなっている（図5.5）．

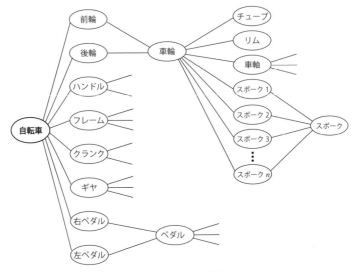

図 5.5 自転車の構成

このような抽象化によって，われわれは物事を，最も基本的な構成要素をすべて並べることなしに議論できるのである．また抽象化によって，同種のものを同じ名前で呼べるという利点も生ずる．たとえば自転車の前輪は"車輪"の一種である．後輪もしかり，一輪車の要素もまた"車輪"である．これらは材質や構造が少しずつ異なるものの，すべて"車輪"としてとらえることができる．

まったく同じものが複数の場所で利用されることもある．右のペダルと左のペダル，スポークの1本1本，ボールベアリングの1つ1つ，などがその例である．

以上のやり方をプログラムの世界へ導入したものがプログラムの**構造化（structuring）**である．プログラム全体のうちで，まとまった意味をもっている部分を特定し，それが"まとまり"である

自転車

ことを明示し，かつその意味を示す名前をつける．これは一般に，**サブルーチン**（subroutine），**副プログラム**（subprogram），**手続き**（procedure），**関数**（function）などと呼ばれる．副プログラム化を行ったら，他の部分ではその副プログラムの名前のみを指定することによって，"その中味全体を記述したのと同じ効果"になるものとする．この"部品化"の機能なしでは，われわれはまともな大きさのプログラムが作れない．部品化は実際のアルゴリズム記述のキーポイントでもある．

"0 回反復"での例を使おう．

  for $k = 1.5$ { $print\_solution(k)$ }

何だかあっけないが，$print\_solution$ が部品化された部分プログラムの名前である．アルゴリズムを大まかに見る場合には，この 1 行だけ見て納得すればよい．もちろん部品プログラムの中味は（別の場所で）きちんと書いておく必要がある．

  $print\_solution(k)$ =
   { $n \leftarrow calc\_solution(k)$;
    $show\_solution\ (n, k)$
   }

この例では，$print\_solution$ の記述に，さらに下位の部品プログラム $calc\_solution$ と $show\_solution$ を使った．$calc\_solution$ はパラメタ（parameter）k を受け取って結果を返す．$show\_solution$ は，パラメタ n と k を受け取って"適当な表示"を行う（図 5.6）．パラメタは，部分プログラムに対して一種の"環境"を与えている．車輪の例で言えば，"車輪（太い）"とか"車輪（木製）"というぐあいに，性質や寸法を指定するのと同じである．

アルゴリズムの記述を完結しておこう．

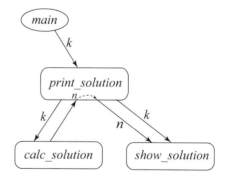

n は $calc\_solution$ で計算され $show\_solution$ へ送られる
図 5.6 部品化処理

88　第5章　アルゴリズムとその表現

$calc\_solution(k) =$
　　$\{ v \leftarrow 1.0;\ t \leftarrow 0;$
　　　while $v < k \{ t \leftarrow t + 1;\ v \leftarrow v \times 1.09 \}$
　　　result $t;$
　　$\}$
　　$show\_solution\ (n,\ k) =$
　　$\{ print\ (n, \text{``年で''}, k, \text{``倍''}) \}$

5.2.6　再帰

　部品化のコンピューティングにおける重要性は，単なる名前づけにとどまらない．部品化した記述の中に自分自身の記述が含まれる場合である．ケーキ作りの中で材料を"こねる"作業を例にとろう．以前の例で

　　while not *sticky* **do** *knead* (*substance*)

というのがあった．"ねばりが出るまでこねる"という操作の表現であるが，ねばりを確かめながらこねる，というのが実際のやり方であろう．
つまり

　　"ねばりを確かめる"

の後で

　　"ねばり不足なら1回こねる"

を行い，あとは「以下同様」に続けることになる．これを表現してみよう．

　　if not *sticky* **then** {
　　　　　　　*knead*1;
　　　　　　"以下同様"
　　　　　　　}

ここで"以下同様"という意味不明の用語が使われている．これの意味を考えると，1回こねて駄目ならまた全体を実行することである．つまりやりたいことは

　　if not *sticky* **then** {
　　　　　*knead*1;
　　　　　if not *sticky* **then** {
　　　　　　　*knead*1;

5.2 アルゴリズムの記述

```
            if not sticky then {
                    knead1 ;
                        ⋮
                }
            }
        }
```

となるが，これではこの「展開」をいつやめればいいのかが不明である．そこで，ここに部品化の技法が使われることになる．以下のような具合である（図 5.7）．

make_sticky (*substance*) =
　if not *sticky* (*substance*) **then** {
　　knead (*substance*) ;
　　make_sticky (*substance*)
　}

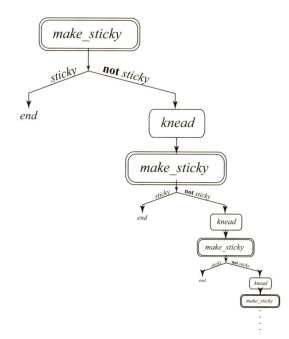

図 5.7 再帰

1回こねる部分（*make_sticky*）を部品として定義するが，その中でさらに自分自身を部品として使っていることに注意しよう．

ここで紹介したやり方は「自分自身を部品として使う」つまり自分に戻る（帰る）という意味で**再帰**（**recursion**）と呼ばれている．

5.3 アルゴリズムとその実行

アルゴリズムとその実行について確認しておこう．一般にアルゴリズムについての話をする場合には，単なる文字列（あるいは記号列）であるアルゴリズムが動いて結果が出るかのように議論を行う（図 5.8(a)）．ところが実際には，そのアルゴリズムに従っていろいろな操作を現実に実行する装置が必要である．これを計算機構と呼ぼう．アルゴリズムはこの計算機構に与えられ，計算機構が実際の効果を実現する（図 5.8(b)）．実際に，各種のソフトウェアや音楽をコンピュータやスマートフォンにダウンロードしただけでは何も起きず，それを実行したりプレイしたりすることによってもともとの目的が達成される．コンピュータやスマートフォンが計算機構だからである（図 5.8(c)）．

このように，単なる記号の列にすぎないアルゴリズムと，実際にそれが動いて効果をもたらす様子とは別のものであるが，通常はこの2つを区別しないで議論を行う．これが可能であるのは，われわれの頭の中にある仮想的な計算機構が働いているからである．また，この区別は，プログラム自体をデータとして扱う計算可能性の議論において重要となる．詳しくは第 7 章の 7.8 節を参照されたい．

(a) 通常のイメージ

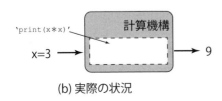

(b) 実際の状況

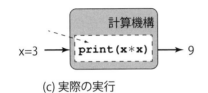

(c) 実際の実行

図 5.8　アルゴリズムとその実行

問題

5.1 自宅から勤務先（または学校）まで移動する"アルゴリズム"を，できるだけ詳細に書け．地理不案内な人，たとえば外国の友人に説明する状況を考えればよい．

5.2 元旦を第1日として，200日目を求めるアルゴリズムを示せ．本文5.2.4項の条件判定処理が必要となる．

5.3 整数除算の余りを求める演算を，加算，減算，乗算のみを使って実行する方法を考えよ．たとえば，$100 \div 21$ の余りは16.

5.4 バスに乗って目的の停留所で降りるやり方を，"目的の停留所である"，"乗り続ける"，"降りる"という動作を組み合わせて表現したい．通常の反復形式と再帰の形式の両方で表現せよ．

考え事項

5.1 「牛が月を飛び越える」という文章を，構文規則と意味規則の両面から検討してみよう．

5.2 身のまわりにある部品化された手順または物品を例として，そこにあるパラメタを明らかにしてみよう．

^{第6章} アルゴリズムと計算量

アルゴリズムは計算手順の表現であった．この概念自体はむしろ数学的なものであるが，実際の計算機とも関連の深い計算機科学は，その実行にかかわる"手間"にも関心をもつ．本章ではその"手間"に関する話題と，計算そのものについて調べる．

6.1 計算の手間

2つの数を加えるには1回の足し算を行う．100個の数を加えるには99回の足し算が，10,000個の数を加えるには9,999回の足し算が，それぞれ必要である．計算機科学では，単位となる操作（ここでは加算）には一定の処理時間がかかると考える．ここでは，この総和計算にかかる時間について考えよう．もちろんその時間は計算を行うものの速さに依存する．人間が1回の足し算をするよりも，パソコンが1億回の足し算をする方が，かかる時間は短い．しかし後者も，同じパソコンが10億回の足し算をする時間よりは確実に短い．

計算の複雑さを，計算を行うものの速さとは独立に議論することを考える．そのために，実際にかかる時間ではなく"単位となる操作を行う回数"を数えることにする．ここの例では，単位となる操作は1回の加算である．"10個の数を1分かけて加える人間"よりも，"1億個の数を1秒かけて加えるパソコン"の方が，より複雑な問題を処理しているのである．このようにして測られる"計算そのものの複雑さ"のことを**時間計算量**または単に**計算量**（**computational complexity**）と呼ぶ．計算量については，処理に必要な作業用の領域の大きさを問題にする**空間計算量**もあり，限られた領域で複雑な処理を実行する場合に問題となる．計算量に関する議論は，計算機科学における重要項目の1つである．

94　第6章　アルゴリズムと計算量

6.2　計算量

　計算量は，特定の問題を解くための特定の手順（アルゴリズム）に関して定義される．同じ問題であってもアルゴリズムが異なれば，計算量も（一般的には）異なる．

6.2.1　計算の手間
　"1から100までの総和"を再び例にとってみよう．単純なやり方では，

　　　答 ← $1 + 2 + 3 + 4 + 5 + \cdots + 97 + 98 + 99 + 100$

であり，"+"の個数で示される99回の加算が必要である．これに対してガウスは加える順番を変更したものを使って，

　　　答 ← $(1 + 100) + (2 + 99) + (3 + 98) + \cdots + (49 + 52) + (50 + 51)$

とし，結果を $101 \times 50 = 5050$ と求めた．ここでは，足し算の結果は加える順番には依存しないという性質が使われている．しかしここでは加算を単位としているので，乗算を使うのはある意味，違反である．演算を加算に限ってみよう．

　　　$w \leftarrow 1 + 100$;

　　　答 ← $w + w + \cdots + w + w$　（w が50個）

加算回数は $1 + 49 = 50$ 回となる．さらに

　　　$w_1 \leftarrow 1 + 100$;

　　　$w_2 \leftarrow w_1 + w_1$;

　　　答 ← $w_2 + w_2 + \cdots + w_2 + w_2$　（25個）

とすると，加算回数は $1 + 1 + 24 = 26$ 回となる．以下この方法を続けることができる．

　　　$w_1 \leftarrow 1 + 100$;

　　　$w_2 \leftarrow w_1 + w_1$;　　　$\cdots 2w_1$

　　　$w_3 \leftarrow w_2 + w_2$;　　　$\cdots 4w_1$

　　　$w_4 \leftarrow w_3 + w_3$;　　　$\cdots 8w_1$

　　　$w_5 \leftarrow w_4 + w_4$;　　　$\cdots 16w_1$

　　　$w_6 \leftarrow w_5 + w_5$;　　　$\cdots 32w_1$

答 ← $w_2 + w_5 + w_6 \cdots (2 + 16 + 32) w_1$

結局，加算回数は 8 回となった．最初の 50 回と比べると 6 分の 1 以下の回数で同じ結果が得られたことになる．"同じ答になるとわかっている式は 1 回だけしか計算しない" のがコツである．この**無駄な再計算の抑制**は，アルゴリズム効率化の根本原理の 1 つである．

6.2.2 問題の大きさ

ある問題について，特定の場合についてだけの計算量を求めても，それだけではあまり意味がない．その場合だけの特殊な状況によるものかもしれないし，他の場合への応用や一般論が展開できないからである．そこで，問題の大きさについての一般化を行うことにしよう．問題の大きさの定義方法にはいろいろあるが，普通は扱うデータ量あるいはデータの大きさを特徴づける値を用いる．総和の問題については，問題を "1 から n までの総和" とし，n を問題の大きさとする．また，あるアルゴリズム（f とする）で必要な加算回数を $T(f, n)$ で表すことにしよう．上の議論から，

すなおな方法 （f_0 とする） では $T(f_0, n) = n - 1$

ガウスの方法 （f_G とする） では $T(f_G, n) = \dfrac{n}{2}$（約）

倍々の方法 （f_2 とする） では $T(f_2, n) < 2 \log_2 n - 1$

となる．最後の方法については n の単純な式にはならないが，最悪の場合を考えることによって上限値は求められる．

以上の式から，f_G は f_0 の約半分であること，および f_2 は他の 2 つの方法と比べても，定数倍以上能率がよいこと，などがわかる．

6.2.3 問題解決と計算量

ある 1 つの問題に対しては，何通りもの解法が存在するのがふつうである．したがって，それを記述したプログラムも複数個構成でき，そのそれぞれについて計算量の議論が付随することになる．この一連の流れを図 6.1 に示す．

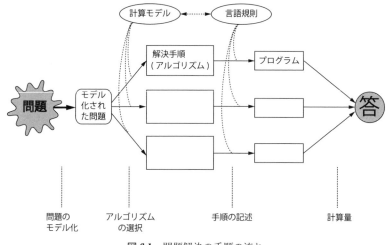

図 **6.1** 問題解決の手順の流れ

6.3 探索

ある集まりの中からものを探し出す処理を考える．この処理を探索と呼び，実用上も大変に重要である．この探索の処理を例として，計算量について考えよう．

6.3.1 日常における探索

電子辞書を考えてみよう．たとえば単語 "help" の意味を調べるには，キーから順に "h"，"e"，"l"，"p" と入力すればよい．画面には単語の意味が瞬時に表示される．これを行っている電子辞書の振舞いについて考えよう．このような，

"大量のデータの中における，あるデータの位置を求める作業"

は，日常生活でも頻繁に必要になる．電話帳から電話番号を探す，駅の運貨表で目的駅までの運賃を調べる，株式市況欄から特定の会社の株価を見つける，などがその例である．この作業（あるいは処理）を，一般に**探索**（**search**）あるいは**サーチ**と呼ぶ．探索は，データの集まりを対象とする場合にはほと

んど必ず必要になる処理であり，その能率の良さ悪さは重要な問題となる．なおここで示している例は，現代では人間が直接行うことは稀であり，必要ならコンピュータが実行している．

"何の印もついていない紙の辞書をまったく初めての人が使う"ことを考えよう．まず考えつく"頭から順番にめくる"やり方は，常識でもわかるとおり，およそ最低の能率しかもたない．"help"が722ページにある辞書では，実に722/2 = 361枚もの紙をめくらなければならない．この方法の手間は，辞書のページ数が2倍になれば2倍に，10倍になれば10倍に，それぞれ増加してゆく．この方法は**線形探索**（**linear search**）と呼ばれるが，ひどく能率が悪いという意味で**バカサーチ**（**brute force search**）と言われることもある．

探索を速くするために，ふつうの辞書では側面からでも見えるような"インデックス"を用意する．たとえば"h"で始まる単語を載せたページ群がすぐわかるようにしておく．helpはその中だけで探せばよい．"h"で始まる単語は全体の4%ぐらいなので，これで探索が劇的に速くなる．辞書に限らず，電話帳，料金表，株式欄なども，いろいろなやり方でこの**インデックス付け**（indexing）を実現している．いろいろな資料での分冊分けも，ほぼ同様のやり方である．

百科事典
©AFP/DPA/Swen Pförtner

6.3.2 高速探索

インデックス付けをしても，能率改善は"定数倍"の範囲にとどまっている．もっと劇的に速くする方法はないであろうか．探索を速くする鍵は，ものを並べる"順番"である．頭から順番にめくるやり方では，アルファベットの順序（a, b, c, …, y, z）を知っていることが前提とされている．この順序をもっと積極的に利用してみよう．ここで，辞書全体が1836ページあるものとする．

98　第6章　アルゴリズムと計算量

(1) まず (1 + 1836)/2 = 918 ページを開けると "lustral" で，"help" は<u>もっと前</u>にある.

(2) 次に (1 + 918)/2 = 460 ページを開けると "driven" で，"help" は<u>もっと後</u>にある.

(3) 次に (460 + 918)/2 = 689 ページを開けると "gusher" で，"help" は<u>もっと後</u>.

(4) 次に (689 + 918)12 = 803 ページを開けると "intellectual" で，"help" は<u>もっと前</u>.

(5) 次に (689 + 803)/2 = 746 ページを開けると "horsetail" で，"help" は<u>もっと前</u>.

(6) 次に (689 + 746)/2 = 717 ページを開けると "heavy" で，"help" は<u>もっと後</u>.

(7) 次に (717 + 746)/2 = 732 ページを開けると "hippodrome" で，"help" は<u>もっと前</u>.

(8) 次に (717 + 732)/2 = 724 ページを開けると "herbarium" で，"help" は<u>もっと前</u>.

(9) 次に (717 + 724)/2 = 720 ページを開けると "Hegira" で，"help" は<u>もっと後</u>.

(10) 次に (720 + 724)/2 = 722 ページを開けると "helm" で，"help" はそのページにあった.

このやり方は，次のような概略手順に従ったものである.

　　　探索範囲を決める；
　　while まだ見つからない
　　　｛**if**　目的の見出しの方が範囲中央の見出しより前
　　　　then　｛探索範囲を前半分にする｝
　　　　else　｛探索範囲を後半分にする｝
　　　｝

この実例での探索範囲の推移を図6.2に示す.

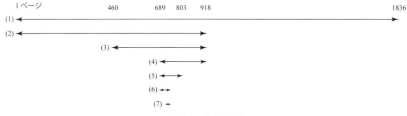

図 6.2 2分探索

この探索方法を，半分半分にしてゆくので **2 分探索**（バイナリサーチ，**binary search**）と呼ぶ．自動車や回路の故障診断などでは実際に使われている方法である．探す範囲が半分半分になってゆくので，最初の範囲の大きさを n とすると次の探索範囲の大きさは $n/2$，その次（2 回目）は $n/2^2$，その次（3 回目）は $n/2^3$，と狭くなってゆき，最後に $n/2^p = 1$ となる p 回目で探索が終了する．したがって，while の中身は

$2^p = n$，すなわち $p = \log_2 n$ 回

程度実行される．

ここで調べた 3 種類の探索の実行の様子を図 6.3 に示す．

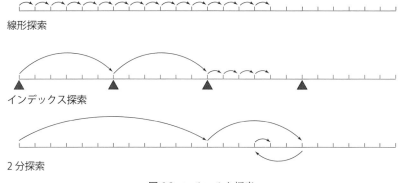

図 6.3 いろいろな探索

100 第6章 アルゴリズムと計算量

6.4 計算量のオーダ

6.4.1 アルゴリズムの振舞い

　計算量の具体的な式は一般にはかなり複雑となる．また，扱うデータによって変化する部分もあるので，平均的あるいは最悪の場合の式しか求まらないことも多い．項目数 n の線形探索でも，運が良ければ先頭で見つかるし（計算量 1），悪ければ最後まで探すことになる（計算量 n）．見つかる場所が一様に存在するとすれば，平均的な計算量は $n/2$ となる．一方，問題の大きさ n が小さい場合は，具体的にコンピュータで実行しても所要時間はほとんど無視できる．問題は n の大きな場合である．そこで，n が大きくなった場合における計算量の振舞いによって，アルゴリズムの能率を議論することにしよう．

　問題の大きさが大きくなると，計算量の式のうち，ある1つの項だけが支配的となるのが普通である．たとえば "$n-1$" という式では，n が大きければ "-1" は無視できる．"$n^2 - 1000n + 100000$" のような式であれば，n の増大にともなって2番目以降の項の比重は急速に減少する．また，"ガウスの総和法" で現れた定数倍の差は，計算をするもの（計算機）の速度差で吸収し得る．このようなことから，アルゴリズムの計算量についてのごく大雑把な議論を行うときには，

　　"問題の大きさが大きい場合の支配的な項から定数係数を除いたもの"

を使う．これを**計算量のオーダ**（**order**）と呼び，O（項）と表す．たとえば，総和の問題では

$$T(f_0, n) = O(n) \cdots （"オーエヌ" と読む.）$$

$$T(f_G, n) = O(n)$$

$$T(f_2, n) = O(\log_2 n)$$

である．前節で述べた探索では，全体の個数（ページ数）を n とすれば，バカサーチのオーダは $O(n)$，2分探索では $O(\log_2 n)$ となる．他のアルゴリズムでは，$O(n\log_2 n)$ といったものもある．難しい問題では $O(n^3)$ や $O(n^6)$ といったものも珍しくはない．

6.4.2 計算量のオーダの意味

ここで出てきた3種のオーダ $O(n)$, $O(\log_2 n)$, $O(n^2)$ が n の値でどう変化するかを見てみよう．いささかの実感を得るために，単位操作が1マイクロ秒，すなわち百万分の1秒であるとしたときの所要時間を示す．なおこの表はオーダの比較をするためのものであり，ある特定の1つの問題に対して，この3種のオーダをもつ3種のアルゴリズムが常に存在するという意味ではない．

n	実時間 （ n ）	$\log_2 n$	実時間 （ $\log_2 n$ ）	n^2	実時間 （ n^2 ）
2	0.000002 秒	1	0.000001 秒	4	0.000004 秒
16	0.000016 秒	4	0.000004 秒	256	0.000256 秒
64	0.000064 秒	6	0.000006 秒	4096	0.004096 秒
256	0.000256 秒	8	0.000008 秒	65536	0.065536 秒
1024	0.001024 秒	10	0.000010 秒	1048576	1.048576 秒
4096	0.004096 秒	12	0.000012 秒	16777216	16.777216 秒
16384	0.016384 秒	14	0.000014 秒	268435456	4 分 28 秒
65536	0.065536 秒	16	0.000016 秒	4294967296	1 時間 11 分 35 秒
262144	0.262144 秒	18	0.000018 秒	68719476736	19 時間 5 分 19 秒
1000000	1 秒	20	0.000020 秒	1000000000000	11 日 13 時間 47 分
10000000	10 秒	23	0.000023 秒	10 の 14 乗	3 年 62 日 10 時間
100000000	1 分 40 秒	26	0.000026 秒	10 の 16 乗	315 年 35 日 18 時間
1000000000	16 分 40 秒	29	0.000029 秒	10 の 18 乗	31709 年 289 日

この表でわかるとおり，とくに n の値が大きくなってくると計算量のオーダの違いによる手間の変化は劇的なものになる．これに対して現実に使用できる計算機械の高速化はこれほど急ではないので，実際の計算の高速化にはアルゴリズムの改良が非常に重要である．たとえば，$n = 1000$ のときの $\log_2 n$ は n の100分の1しかない．これは言い換えれば，

$n = 1000$ の場合，$O(\log_2 n)$ のアルゴリズムは単位操作が

100 倍遅くても $O(n)$ のアルゴリズムと同じ所要時間となる

ことを意味している．たとえば2分探索で必要な

"範囲の中央の見出しを調べ，次の探索範囲を決める"

102　第 6 章　アルゴリズムと計算量

という作業に 10 秒かかるとしても，"1 秒間に 10 枚の紙をパラパラめくる"
線形探索と同じ時間しかかからないことになる．

6.5　整列

　2 分探索では，ものがある順番に並んでいるという性質を利用した．辞書
のように最初から（英和辞典ならアルファベット順に）並べてある場合はい
いが，そうでなく最初はごちゃごちゃであるときには，きちんとした順番に
並べ替えてあることが必要となる．この並べ替えも実用上大変に重要な処理
である．

6.5.1　恋人選び

　大勢の男女にアンケートを書いてもらい，"適切なペア"を決めるという
イベントがある．男女同数だとすれば，すべての人についてのペアを決めな
ければならない．そのやり方の秘伝（?!）の 1 つは

　　　　"単に金銭面での釣合いをとること"

だそうである．すなわち，男性側のアンケートから"お金が稼げそうな度合
い"を抽出し，その高い順に男性を並べておく．次に，女性側のアンケート
から"お金への執着の度合い"を抽出し，これもその強い順に並べる．そう
しておいて，高い順および強い順に順番にペアを作るのである．現代では，
この逆の対応（男性 – 執着，女性 – 稼ぎ）あるいはその複合形も考える必要
があろうが，ここでは伝統的なやり方について考えよう．

　アンケートから稼ぎあるいは執着の度合いを抽出するのは計算機科学の範
囲外である（！）ので，ここでは，その度合いがすでに抽出されたものとし
て議論を進めよう．すなわち

　　　$kasegi_1$,　$kasegi_2$,　$kasegi_3$,　…,　$kasegi_n$　　　　男性側

　　　$nozomi_1$,　$nozomi_2$,　$nozomi_3$,　…,　$nozomi_n$　　　女性側

の値が与えられたものとする．n は男女それぞれの人数である．まずやるべ
きことは，これらの値を大きいもの順に並べ替えることである．この操作は
整列（sort） あるいはソートと呼ばれ，アルゴリズムの中では基本的に重要
なものの 1 つである．

6.5.2 整列のアルゴリズム

整列の手順を考えてみよう．いま仮に整列が完了したものとすると，先頭には最も大きな値がきているはずである．そこで，まず最初にデータの中の最大値を見つけ，それを先頭に置くことを考えよう．

(a) 最大値の決定

まず最大値を求めることが必要である．最大値とは定義するまでもなく，

"その集まりの中の値で，他のどれよりも大きいか等しいもの"

であるが，手当たり次第に試してみるのはいかにも無駄である．そこで，"少しずつ順に"処理することにしよう．いま仮に，

$kasegi_1, kasegi_2, \cdots, kasegi_{i-1}$ ($i \leq n$) の中の最大値が $kasegi_p$ である．

ことがわかっているものとしよう（$1 \leq p < i$）．すると次の $kasegi_i$ に対しては，

$kasegi_i > kasegi_p$　なら　$p \leftarrow i$

そうでなければ p は変えない．

とすれば，

$kasegi_1, kasegi_2, \cdots, kasegi_{i-1}, kasegi_i$ の中の最大値が $kasegi_p$ である．

ということになる．すなわち，"最大値の母集団"の大きさを1だけ増加することができた．一歩前進というわけである（図6.4）．

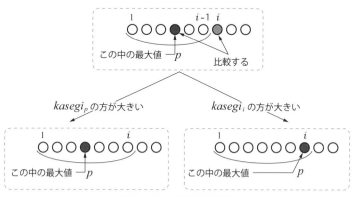

図 6.4　最大値決定の原理

母集団の大きさが1（たとえば $kasegi_1$ だけ）であれば，その中の最大値は（要素が1つしかないので）自明である．これを利用すれば全体の処理を

始めることができる．以上のことから，最大値を求めるための以下のアルゴリズムが導かれる．

  $p \leftarrow 1$;
  for $i = 2..n$ { **if** $kasegi_i > kasegi_p$ **then** { $p \leftarrow i$ }}
  "最大値は $kasegi_p$"

2 行目の { } 内で条件判定処理が使われている．

(b) 並べ替え

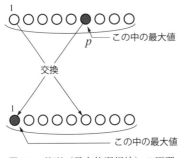

図 6.5 整列（最大値選択法）の原理

$kasegi_1, \cdots , kasegi_n$ の最大値が求まったので，それを先頭の要素（$kasegi_1$）と交換すれば初期の目的が達成される（図 6.5）．交換は

  $exchange\,(1, p)$

で行われることにしよう．

次に，求めた最大値は $kasegi_1$ に置いたまま $kasegi_2, \cdots , kasegi_n$ 中の最大値を求める．これはもともとの全体の値の中で 2 番目に大きな値である．そしてそれを $kasegi_2$ と交換する．

  $p \leftarrow 2$;
  for $i = 3..n$ { **if** $kasegi_i > kasegi_p$ **then**   { $p \leftarrow i$ }}
  $exchange\,(2, p)$

後はいわゆる "以下同様" である．"j 番目に大きい値を求める（$j = 1..n - 1$）" として全体をまとめてみよう．

  for $j = 1..n - 1$
   { $p \leftarrow j$;
    for $i = j + 1..n$
     { **if** $kasegi_i > kasegi_p$ **then** { $p \leftarrow i$ }}
    $exchange\,(j, p)$
   }

簡単な例を示す（$n = 6$）．波下線は整列が部分的に完了している部分を，四角枠は残りの部分の最大値を示す．

	$i=2$	$i=3$	$i=4$	$i=5$	$i=6$	
$j=1$	18	29	50	66	34	47
$j=2$	66	29	50	18	34	47
$j=3$	66	50	29	18	34	47
$j=4$	66	50	47	18	34	29
$j=5$	60	50	47	34	18	29
	60	50	47	34	29	18	整列完了

ここで考えた整列のアルゴリズムを**選択整列**（**selection sort**）と呼ぶ．このアルゴリズム（f_{s0}）の計算量を求めてみよう．内側の反復処理では，条件処理が $n - (j + 1) + 1 = n - j$ 回実行される．したがって全体では

$$T(f_{s0}, n) = (n - 1) + (n - 2) + (n - 3) + \cdots + 2 + 1 = \frac{n(n - 1)}{2}$$

となる．よってこのアルゴリズムの計算量のオーダは $O(n^2)$ である．

6.6 効率の向上

探索の項で，同じ問題を解く場合でも，使用するアルゴリズムによって効率が大きく異なることがあるという例を見た．ここでは，効率に関してアルゴリズムを改良する方法を考える．

6.6.1 非能率さの原因

実は，選択整列のアルゴリズムは工夫が足りなくて効率が悪い部類に属する．それで**バカソート**と呼ばれたりもしている．それでは，どのようにすればこれを改善できるであろうか．その鍵は"無駄の発見と除去"である．

効率が良いといわれる2分探索では，たとえば「918ページの見出しが"lustral"である」ことにより，それより後で"help"を探しても無駄であることがわかる．すなわち，辞書の半分が一度に"考慮の範囲外"と判定できている．これに対してバカサーチでは，"help"に行き当たるまではほとんど無駄な検査を繰り返している．このような無駄の除去の積み重ねにより，

106 第6章 アルゴリズムと計算量

2分探索の計算量のオーダが下げられている．この考え方を，整列の処理に
も適用してみよう．

6.6.2 無駄の発見

恋人選びの整列アルゴリズム f_{s0} は，概略次のような手順となっている．

$kasegi_1, \cdots, kasegi_n$ の中の最大値を見つけ $kasegi_1$ と交換する．

$kasegi_2, \cdots, kasegi_n$ の中の最大値を見つけ $kasegi_2$ と交換する．

$kasegi_3, \cdots, kasegi_n$ の中の最大値を見つけ $kasegi_3$ と交換する．

$$\vdots$$

（途中略）

$$\vdots$$

$kasegin_{n-1}, \cdots, kasegin_n$ の中の最大値を見つけ $kasegin_{n-1}$ と交換する．
この方法の問題点は，1行目の処理で得られた（どれが最大値かということ
以外の）情報をまったく利用しないで捨ててしまい，後の処理に活用してい
ないことである．2行目以降も同様である．例として，次のデータを整列し
てみよう．

$$A = 3,\ B = 5,\ C = 2,\ D = 4,\ E = 8,\ F = 6$$

まず最初の処理で最大値（$E =$）8 が求まるが，その過程での比較の様子は
次のようになる．

$$A = 3,\ B = 5,\ C = 2,\ D = 4,\ E = 8,\ F = 6$$

この5個の比較により以下の事実がわかる．

$$B > A \qquad B > C \qquad B > D \qquad E > B \qquad E > F$$

ここで，EとAとが交換されて次の処理が施される．

$$E = 8,\ B = 5,\ C = 2,\ D = 4,\ A = 3,\ F = 6$$

この段階で2番目の値（$F =$）6 が求まるが，その過程で，1回目の処理で
得られている

$$B > C \qquad B > D \qquad B > A$$

という結果を再び調べるという無駄をしている（上図の破線）．次に F と B

とが交換されて，3回目の処理に移る．

$$E = 8, \quad F = 6, \quad C = 2, \quad D = 4, \quad A = 3, \quad B = 5$$

この処理で3番目の値（$B =$）5が求まるが，その過程で以下の結果を得ている．

$$D > C \qquad D > A \qquad B > D$$

再び，最後の比較（$B > D$）の結果はすでに得られている．

　結局この例では，15（$= 6(6-1)/2$）回の比較計算のうち6回は無駄となっている．データ数がもっと多くなってくると，たとえば「$A < B$ と $B < C$ とがわかっているのに A と C を比較する」という種類の無駄も激増する．

6.6.3 無駄の除去方法

　一度比較したものを二度と比較しないようにするには，何らかの付加情報が必要である．この付加情報は，実際のデータの形で「これthese のデータの組はすでに比較されている」というように用意する場合と，データの集め方の形で「この集まりの中のデータはすでに相互比較されている」というように組織化する場合とがある．前者の方法では「データの組」の記録に大きなスペースが必要であるが，いずれの方法もアルゴリズムの高速化に重要な手法として用いられている．

6.7 高速整列

　無駄を省いて高速化した整列のアルゴリズムを示す．

6.7.1 高速化の原理

　"恋人選び整列"における無駄を省くには，

　　　"すでに比較の結果がわかっているもの同士を再び比較しない"

ことができればよい．以前触れた再計算抑制の原理である．このための方法として有力なものに，いわゆる**分割統治**（**divide and rule**）によるものがある．この方法では，

　　　まず，データを2つのグループ（IとIIとする）に分割し，

108　第6章　アルゴリズムと計算量

　　　　それぞれを独立に整列
する．この（前段階の）整列が終了した時点では，グループ I の要素とグルー
プ II の要素との間の大小関係は一切わかっていない．したがって，グルー
プ I の要素とグループ II の要素との比較を行っても無駄が生ずる恐れはない．
"データの集め方"による付加情報の表現の例である．また

　　　　　　自分より小さなものとの比較は1回しか行わない
ようにすれば，比較相互にも無駄が生じることがない．
　実際の手順として，人名を五十音順に並べる例を示そう．結果は"出力場
所"と呼ばれるところに値の小さい順に書き込まれる．

　　　while 両グループに要素が残っている
　　　　　if グループ I の最小要素 ＜ グループ II の最小要素
　　　　　　　then {グループ I の最小要素を出力場所に移動する}
　　　　　　　else {グループ II の最小要素を出力場所に移動する}；
　　　while グループ I に要素が残っている
　　　　　{グループ I の要素を出力場所に移動する}；
　　　while グループ II に要素が残っている
　　　　　{グループ II の要素を出力場所に移動する}

実行例を示す．次の図で左側が"出力場所"，右側がグループ I と II であり，
4個ずつすでに整列されている．右側のデータの左端で比較し，小さな方（四
角枠で示す）を"出力場所"へ移動する．

出力場所	I：阿部　川口　佐藤　矢島 II：宇野　田村　西村　古川
阿部	I：川口　佐藤　矢島 II：宇野　田村　西村　古川
阿部　宇野	I：川口　佐藤　矢島 II：田村　西村　古川
阿部　宇野　川口	I：佐藤　矢島 II：田村　西村　古川
阿部　宇野　川口　佐藤	I：矢島 II：田村　西村　古川

阿部　宇野　川口　佐藤　田村	I：矢島 II：西村　古川
阿部　宇野　川口　佐藤　田村　西村	I：矢島 II：古川
阿部　宇野　川口　佐藤　田村　西村　古川	I：矢島 II
阿部　宇野　川口　佐藤　田村　西村　古川　矢島	I： II：

　グループ I とグループ II はそれぞれ独立に，「長さ 2 → 長さ 4」として整列しておく．「長さ 2」の整列は「小さな方を前に，他方を後に」置くことで実行できる．

6.7.2　高速整列の計算量

　この整列法では，前段階の整列を半分の大きさのデータに対して 2 回行う．この前段階の整列自体も，半分のデータをさらに 2 分した上でまったく同じ方法が使える．この方法は，"出力場所" に 2 つのグループの要素が一定の順で混じって書き込まれるので，**併合整列（merge sort）**のまたはマージソートと呼ばれる．

　併合整列の計算量 $T(f_{s1}, n)$ を求めてみよう．ここでは簡単のために，単に $T(n)$ と書くことにする．まず前段階の整列を行うが，これには，半分のデータ量の整列を 2 回行うので，$2 \times T(n/2)$ だけの計算を要する．次に，3 個の while 反復のすべてについて，

　　　　"反復を 1 回やるごとに要素が 1 つだけ出力場所に移動する"

ことから，反復の中身は正確に合計 n 回実行されることがわかる．1 回の実行に a だけの時間がかかるものとするとすれば全体で an となる．したがって，次の関係式が成り立つ．

　　　　$T(n) = 2 \times T(n/2) + an$

簡単のために $n = 2^p$ であるとしよう．

$$T(n) = 2 \times T(2^{p-1}) + an$$
$$= 4 \times T(2^{p-2}) + 2an$$
$$= 8 \times T(2^{p-3}) + 3an$$

$$= 16 \times T(2^{p-4}) + 4an$$
$$\vdots$$
$$= 2^p \times T(2^0) + pan$$

$T(2^0) = T(1)$ は明らかに 0 なので,結局

$$T(n) = pan = an \log_2 n$$

となり,$O(n \log_2 n)$ のオーダの計算量となることがわかる(図6.6).

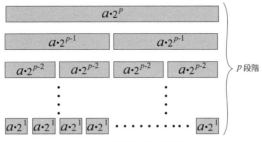

図 6.6 併合整列の計算量

6.7.3 分割交換整列

併合整列では,与えられたデータをまず2分し,それぞれを整列した後で併合を行った.この分割のやり方を工夫すると,また別の整列アルゴリズムが得られる.

値の小さな順に整列された後の状態を考えると,その中のどのデータをとっても,

自分より前のどのデータよりも大きいか等しく,

自分より後のどのデータよりも小さいか等しい

ということが言える.そこで,初めのデータの中から"適当なもの"を設定し,それより小さなものは前の方へ,それより大きなものは後の方へ,それぞれ移動することを考える.いま,対象とするデータを

$$d_1,\ d_2,\ d_3,\ \cdots,\ d_n$$

とすると,"適当なデータ"を d_1 として,次のようにすればこの分割ができる.

$x \leftarrow d_1 ; i \leftarrow 1 ; j \leftarrow n ;$
while $i < j$ {

```
    while  d_i < x { i ← i + 1 } ;
    while  d_j > x { j ← j - 1 } ;
    if  i ≤ j  then { exchange(i, j) ; i ← i + 1 ; j ← j - 1 }
}
```

要するに，前の方から"xより大きい値"を，後の方から"xより小さい値"をそれぞれ探し，あればそれらを交換する（図6.7）．これを続けてゆけば，データ列を値xで分割したことになる．

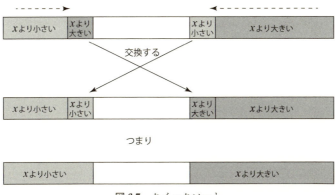

図 **6.7** クイックソート

　分割が済んだら，前半と後半を別々に整列することで全体の整列が完了する．この方法を**分割交換整列**あるいは**クイックソート**（**quick sort**）と呼ぶ．実用上，最も高速な整列アルゴリズムである．クイックソートの計算量のオーダは，分割が常に等分に行われるとすると，併合整列とまったく同じ$O(n \log n)$となる．分割が偏よったとしても平均的には$O(n \log n)$である．非常に稀なケースとして，分割が常に"1つと残り"になってしまうと$O(n^2)$の計算量となる．既に整列されているデータにこの方法を施すと，この最悪ケースとなる．このような状況を避けるために，左端の値と右端の値との平均値を分割値とするような改良もある．

　整列はアルゴリズムを構成するうえで基本的に重要な処理であるので，目的や状況に応じたさまざまな方法が研究されている．いくつかの例を示す．

・バブルソート：下から順に隣り合う2つの要素を小さい順に交換してゆく．最大値はどこにあっても，最後には最も上へ浮かび上がる．この操

112 第6章 アルゴリズムと計算量

作を何回も繰り返す．オーダは $O(n^2)$ であるが，ほとんど整列している
データの"修正"には有用である．
・バケットソート：データが取り得る値だけの"バケツ"を用意し，そこ
に順に格納してゆき，最後に全体をつなげる方法．"取り得る値"の数
が小さい場合に有効．
・基数ソート：何桁かのデータについて，まず最下位桁の大きさの順に並
べ，全体を順にまとめた後，次に下から2番目の桁の順に並べ，また全
体をまとめる，という操作を繰り返す．桁の値（10進数字では10個）
の数だけの可変長の記憶領域が必要．制限の強いデータの整列に有効．

6.8 いろいろなアルゴリズム

これまでに探索と整列のアルゴリズムをいくつか紹介したが，実用的なプ
ログラムではその他にもさまざまなアルゴリズムが使用される．ここではそ
の主なものを示す．

6.8.1 文字列マッチング

長い文字列（記号列）の中で，文字（記号）の特定の並び（パターン）を
探す．単純な探索を複合化したものである．単純に考えられる方法では，パ
ターンをある位置に置き，要素となる記号ごとに本文と照合する．パターン
全部が照合に成功すれば，その位置が答となる．成功しなければパターンを
後に1文字分ずらして，また照合を行う．もとの文字列の長さを s，パター
ンの長さを p とすると，1文字単位の照合は最悪 $p \times (s - p + 1)$ 回行われる．
p が s に比べて充分に小さいものとすれば，計算量は $O(sp)$ となる．

単純な方法では，パターンの途中まで照合が成功しても，その次の文字で
失敗すると，成功した部分で得た情報を全部捨てて次に移る．たとえば，
"abcdg" というパターンを照合して5文字目の"g"で失敗したとしよう．
この場合，本文について"…abcd?…"であることがわかったので，パター
ンを1文字ずらしても2文字ずらしても失敗することは明らかである．この
場合は一気に4文字ずらすことができる．このように，パターン自体を解析
して，何文字目で失敗したら何文字ずらせるかをあらかじめ計算しておく方

法がある．**KMP 法**（**KMP method**）と呼ばれるこの方法では計算量 $O(s)$ で解を求めることができる（図 6.8）．

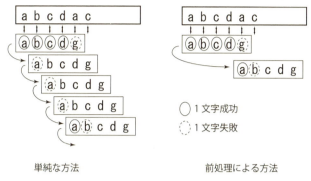

図 6.8 文字列マッチング

照合をパターンの末尾から逆方向に行う方法もある．この方法でも，末尾の方の部分照合の結果からパターンをずらす量をあらかじめ求めておく．**BM 法**（**BM method**）を呼ばれるこの方法では，平均的には $O(s/p)$ で計算が実行される．

6.8.2 最長共通部分文字列

2つの文字列（記号列）に共通に含まれる部分文字列を考える．部分文字列は連続していなくてもよいが，文字の順番は同じである必要がある．この処理は，2つのDNA鎖の比較やネット上での盗作検出などで使われる．共通部分文字列のうちの最長のものを **LCS**（**Longest Common Subsequence**）と呼ぶ．

LCSを求めるアルゴリズムで最も有力なものは，2つの文字列の先頭から順に1文字ずつ延長しながら計算する方法である．概略を示す．

文字列を X と Y，先頭から k 文字目までの部分文字列を $X(k)$，$Y(k)$ とし，$X(i)$ と $Y(j)$ のLCSがすでに求まっているものとする．また $X(0)$ と $Y(0)$ は空文字列である．ここで X の $i+1$ 番目の文字を X_{i+1}，Y の $j+1$ 番目の文字を Y_{j+1} とすると，以下の2つの場合を考えればよい．

(1) $X_{i+1} = Y_{j+1}$ のとき

それまでに求まっている最長部分文字列が1文字分だけ延長できる.

(2) $X_{i+1} \neq Y_{j+1}$ のとき

この場合は"ここで"最長部分文字列が伸びるわけではないので，X の一段階前，あるいは Y の一段階前の最長部分文字列を保存する．この様子を図 6.9 に示す．

(1) 原理

	|	A	AB	ABC	ABCD	ABCDE
|	|	|	|	|	|	|
B	|	|	B	B	B	B
BE	|	|	B	B	B	BE
BEA	|	A	A B	A B	A B	BE
BEAD	|	A	A B	A B	AD BD	AD BD BE
BEADE	|	A	A B	A B	AD BD	ADE BDE

BEAD と ABCDE の LCS は AD, BD, BE

"\|" は空文字列を示す

(2) 計算

	|	A	B	C	D	E
|	0	0	0	0	0	0
B	0	0	1	1	1	1
E	0	0	1	1	1	2
A	0	1	1	1	1	2
D	0	1	1	1	2	2
E	0	1	1	1	2	3

↘ は部分文字列が伸びた遷移を示す

図 6.9 LCS の計算

実際の計算では部分文字列の長さだけを扱う表を使って，(1) の場合は $L(i+1, j+1) = L(i, j) + 1$ とし，(2) の場合は $L(i+1, j+1) = L(i+1, j)$ と $L(i, j+1)$ の大きい方，とすればよい．具体的な LCS は，この表の最後から逆順にたどって求める．

6.8.3 動的計画法

LCS の計算では，対象となる範囲（長さ）を少しずつ伸ばしながら，それまでに得られた解をもとにして次の解を求めた．このように，少し小さな問題の解から求める大きさの問題の解を計算できる場合，小さな問題の解を記録しておくことによって計算量を抑えられることがある．このような手法を一般的に**動的計画法（Dynamic Programming）**とよぶ．動的計画法は，したがって，具体的なアルゴリズムを作るためのアルゴリズム，つまりメタアルゴリズムと呼ぶことができる．

LCS の場合は，$L(i + 1, j + 1)$ が $L(i + 1, j)$，$L(i, j + 1)$，そして $L(i, j)$ から求められるので，$L(0, 0)$ から順に記録してゆくことによって解が計算できた．計算量のオーダは，もとの文字列の長さを a と b とするとき，$O(a + b)$ となる．

より単純な計算であるフィボナッチ関数

$$f(0) = f(1) = 1$$
$$f(n) = f(n - 1) + f(n - 2) \quad (n \geq 2)$$

でも，パラメタの小さい関数値から順に計算することによって，計算量のオーダを $O(2^n)$ から $O(n)$ に下げることが可能である．

問題

6.1 われわれがインデックスのない辞書を使う場合には，単純な線形探索をやっているわけではない．具体的な探索の様子をアルゴリズムとして書き表せ．

6.2 6.4.2 項に掲げた表に，$n = 10^{10}$, 10^{12}, 10^{14} の行を付け加えてみよ．

6.3 6.5.1 項で例示したデータ列（18, 29, 50, 66, 34, 47）に併合整列および分割交換整列のアルゴリズムを適用してみよ．

6.4 6.8.3 項で触れたフィボナッチ関数の $O(n)$ の計算方法を考えよ．

考え事項

6.1 5 個の値を相互比較だけで整列するための比較回数の最小値を求めよ．

6.2 平面上に与えられた n 個の点を内部あるいは円周上に含む円のうち，半径最小のものを求めるアルゴリズムを考え，そのオーダを求めよ．

第7章 計算量の科学

計算はともすると実用性ばかりが強調されがちであるが，数学がそうであるように，計算についてもその原理や理論的枠組みが研究され，その全体像が追求されてきた．とくに計算量については，さまざまな計算能力に関する理論が展開されてきている．本章では，計算そのものの本質にも関わる計算量に関する枠組みを紹介する．

7.1 計算量の数理

計算量は種々の問題について，種々の解き方（アルゴリズム）それぞれについて定義されている．たとえば探索問題では，線形探索をすれば $O(n)$，2分探索をすれば $O(\log_2 n)$，という具合である．それでは，特定の問題についての，解き方によらない固有の計算量というものは考えられるであろうか．これについては，必要最小限の計算量，つまり計算量の下限が求められることがある．

整列のアルゴリズムの計算量は if... {... } の実行回数で求めた．この条件判断により，あれかこれかの二者択一が行われる．そこで，以前に扱った情報量と事象の特定の考えを使って，この計算量について考察してみよう．

整列の問題では，われわれは "大きさが互いに異なる n 個の値が並んでいる" という状況を与えられ，最終的には小さい順（または大きい順）に並び替わっていることが求められる．ここで仮に "どの順番に並んでいるか" がわかる，言い換えれば "k 番目（$k = 1..n$）に小さいものがどこに位置するか" がわかったとすれば，その情報を使ってもとのデータを小さい順に並べ替えるのは単純作業であり，$O(n)$ で実行できる．たとえばデータ

$$A = 3 \quad B = 5 \quad C = 2 \quad D = 4 \quad E = 8 \quad F = 6$$

に対しては順番列 $(3, 1, 4, 2, 6, 5)$ がわかればよい．ここで先頭の "3" は，"最も小さなデータ（C）は3番目にある" ことを，2番目の "1" は，2番目に小さいデータ（A）が先頭にあることを，それぞれ示している．そこ

でこの並び順に注目することにする．並び順の場合の数は順列の数，すなわち "n 個のものを一列に並べるやり方の数" であり

$$1 \times 2 \times 3 \times \cdots \times n = n! \quad (n \text{ の階乗})$$

となる．情報量の項目での言葉で言うと，"n 個のものが並んでいる" という状況には，並び方に関して $n!$ 個の事象が存在することになる．この事象の集まりの平均情報量は，どの並び方も同じ確率で出現するものとすれば

$$\log_2(n!) \text{ ビット}$$

になる．階乗については近似公式

$$n! \sim \sqrt{2\pi n} \left(\frac{n}{e}\right)^n$$

があり，これを使うと

$$\log_2(n!) = n \log_2 n - 1.44n + O(\log_2 n) \text{ ビット}$$

となる．ここで，項を示すのにオーダの記号を使ったことに注意しよう．

一方，if による比較は "どちらが大きいか" という二者択一の結果を返す．したがって，1 回の条件判定で得られる情報量はたかだか 1 ビットである（図 7.1）．

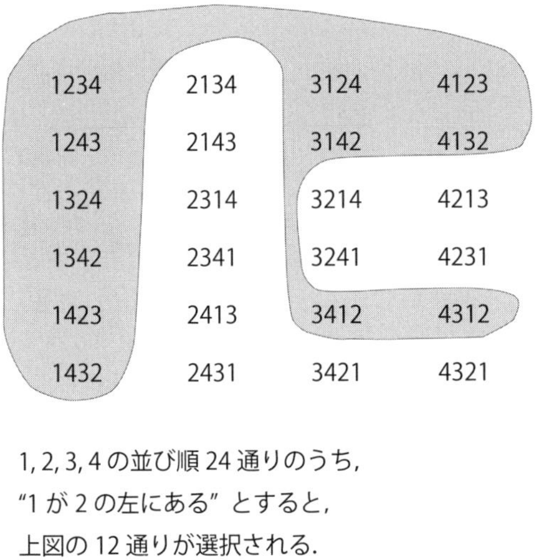

1, 2, 3, 4 の並び順 24 通りのうち，
"1 が 2 の左にある" とすると，
上図の 12 通りが選択される．

図 7.1 並び順の特定

7.3 指数計算量 119

　以上の話，すなわち並び順の集まりがもつ平均情報量と，1回の比較で得られる最大の情報量（1ビット）とを合わせると，n 個のものの整列には最低限

　　　$n \log_2 n - 1.44n + O(\log_2 n)$　　回

の比較が必要であり，その計算量のオーダは $O(n \log_2 n)$ より小さくできないことがわかる．つまり，併合整列や分割交換整列は，計算量という面から見れば，整列についての最適なアルゴリズムということができるのである．

7.2　多項式計算量

　計算量のオーダで $O(n)$ のものと $O(\log_2 n)$ のものとでは，実用上もかなり差がある．$O(n^2)$ のアルゴリズムは，n が小さくない場合にはほとんど使いものにならない．しかし“数学的”な意味では，充分実行可能な範囲である．数学では，値がもっと極端に爆発的に増大する関数を日常的に扱っているからである．そこで，オーダが n の多項式（n^2, n^{10}, n^{100}, $\cdots$）であるものをひとまとめにして**多項式計算量**（**polynomial order**）と呼ぶ．また，$O(\log_2 n)$ も，$n^0 < \log_2 n < n^1$ であるので，多項式計算量の仲間に含める．

　多項式計算量のアルゴリズムは**実行可能なアルゴリズム**と呼ばれる．もちろん，$O(n^{100})$ のアルゴリズムは $n = 2$ でも宇宙年齢的な計算時間を要するであろうが，ここでは少しだけ“数学的”に考えることにして，実行可能なものに入れておく．その理由は，さらに大きな計算量，たとえば次節の指数計算量などが存在するからである．

7.3　指数計算量

　$O(n^p)$ と書いた場合，p がいくら大きくても，それが定数である限り多項式の計算量である．この p が実質上無限に大きくなったものとして指数関数がある．実際，自然対数の底 e（約 2.71828）の x 乗を多項式で展開すると

$$e^x = 1 + \frac{x}{1} + \frac{x^2}{2!} + \frac{x^3}{3!} + \cdots + \frac{x^k}{k!} + \cdots$$

という無限個の項の和となる．この式を見ても，x が大きくなれば，e^x が任

意の n について x^n よりも大きくなることがわかる．計算量がこの関数になるものを**指数計算量**（**exponential order**）のアルゴリズムと呼ぶ．指数計算量のアルゴリズムは，いわゆる組合せ論的爆発を起こし，どんな多項式時間のアルゴリズムよりも時間がかかる，という意味で実行不可能なアルゴリズムと呼ばれている．

指数計算量のアルゴリズムの代表例の1つは，詰込み問題と呼ばれるものである．

> 重さが異なる n 個の荷物を，最大積載量 W のトラック T 台に
> 積み込めるかどうかを決定する．

もちろん，荷物の総重量が $T \times W$ を超している（当然ダメ），$T > n$ である（1台に1個ずつ載せればよい），というような特殊ケースではすぐ解がわかるが，一般の場合に対する能率のよい，すなわち多項式計算量のアルゴリズムは知られていない．問題の例を示す（$n = 7, W = 16, T = 2$）．

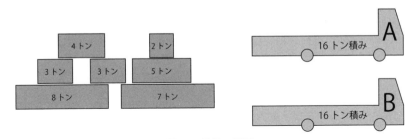

図 7.2 詰込み問題

この問題の最も素朴な解法は"すべての荷物をどれかのトラックに載せるやり方"を全部試し，すべてのトラックに W 以下しか積まれていない場合を探す，というものである（図7.3）．ある1つの荷物についての載せ先は T 通りある．したがって全体の場合の数は T^n となり，指数計算量となる．

荷物							トラック		判定
2	3_1	3_2	4	5	7	8	A	B	
A	A	A	A	A	A	A	32	0	×
A	A	A	A	A	A	B	24	8	×
A	A	A	A	A	B	A	25	7	×
A	A	A	A	A	B	B	17	15	×
A	A	A	A	B	A	A	27	5	×
A	A	A	A	B	A	B	19	13	×
A	A	A	A	B	B	A	20	12	×
⋮									
A	A	B	A	A	B	B	14	18	×
A	A	B	A	B	A	A	24	8	×
A	A	B	A	B	A	B	16	16	○

図 7.3　詰込み問題の素朴な解法

7.4　非決定的な計算

　常識的な計算の過程では，すべての局面において，たった1つの操作（計算）が行われる．条件判定の場合も，その時々で1つの計算が実行される．2個以上の計算が同時に実行されることもあるが，それはあらかじめ意図された（複数個の）計算である．その数は計算をする装置の数で制限され，1つの処理装置で数個〜20個程度，大量の処理装置を結合するスーパーコンピュータでも数千万個ぐらいが上限である．これに対して，条件判定の成否にかかわらずに，成り立つ場合と成り立たない場合の両方を同時に実行するやり方が考えられた．計算過程の中で条件判定が出現するたびに，その選択肢をすべて同時に計算する．このようにすると，それぞれを計算する主体の数は激増する．たとえば選択構文 if を含む反復を 20 回実行したとすると，最終的には 2^{20} ＝約 100 万個の計算を同時に実行することになる．もちろん現実の装置として実現することは難しいが，計算能力を測る理論的な仕組みとして考え出された．

　このような計算機構がもし存在したとすると，ある種の判定問題の計算を

劇的に速く処理することが可能となる．非常に多くの枝分かれした計算過程のどれか1つが判定を行えばよいからである．"選択構文を20回実行する例"で言うならば，約100万個の計算のどれか1つが判定に合格すればよい．その特定の1個の計算に関しては，単に条件判定処理を20回実行したに過ぎない．もしこの判定の計算全体を普通の計算機構で処理したとすると，最悪100万回の処理が必要となる．

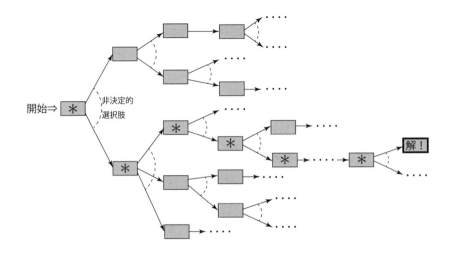

＊：解に至る部分的な計算

図 **7.4**　非決定的計算

通常の計算，つまりある計算の次に何を計算するかがきちんと1通りに決まっている計算を**決定的計算**（**deterministic**）と呼ぶ．これに対してここで導入した複数計算の同時実行を任意の時点で許す計算を**非決定的計算**（**non-deterministic**）と呼ぶ（図 7.4）．なお，一般的には，同時実行は条件判定の2つの選択肢に限らずに，任意の複数個の計算に対して許される．

7.5　*NP* 問題

詰込み問題で「これこれの積み方をすれば OK だ」と言われた場合，その

真偽を確かめるのは簡単である．各トラックの積載量が制限以下であることを確かめればよい．このための計算量は明らかに $O(n)$ である．別の例として巡回セールスマン問題を見てみよう．

> n 個の都市を 1 回ずつ訪問して，総移動距離が
> 制限内に収まるかどうかを決定する．

この問題にも多項式計算量のアルゴリズムは知られていない．素朴にやるとすると，各中間都市において，次の都市として残っている都市すべてを順に試すことになる．試すべき順路の数は最大で $n!$ 通りあり，見事に指数計算量となる（図 7.5）．しかしこの問題についても，解答を確かめるためには $O(n)$ の計算量しか必要としない．これを非決定的計算の視点で考えてみよう．全体を決定的計算で処理すると，$n!$ だけの場合をすべて扱う必要があるので指数計算量となるが，非決定的計算では「最もうまくいく計算」の計算量でよいので多項式計算量で済むのである．

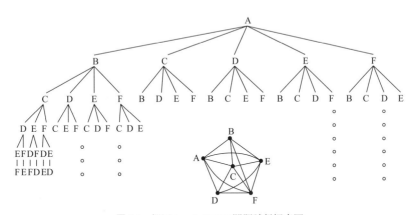

図 7.5　巡回セールスマン問題試行探索図

ここで見た 2 つの判定問題のように
(1) 多項式時間の計算量のアルゴリズムは知られていない
(2) 解が正しいことは多項式計算量で確かめられる
という 2 つの性質をもつものを **NP 問題** と呼ぶ．*NP* という語は Nondeterministic Polynomial から来ている．非決定的な計算を用いれば多項式計算量

124　第7章　計算量の科学

で判定できる問題，という意味である．

　よく知られている難しい問題はほとんどすべて*NP*問題である．これは実社会にもあてはまる．最初に解答を見つけるのは非常に難しいが，解答が正しいことの検査は容易にできる，という類の問題例には事欠かない．

7.6　*P*と*NP*

　非決定的計算という，いささか都合の良い計算機構が導入されたが，この方式で計算できることは通常の決定的計算でもできることは明らかである．選択肢として枝分かれした計算を順次処理すればよい．ただし，ほとんどの場合，その計算量は非決定的計算よりも爆発的に大きくなる．ただし，やり方（アルゴリズム）をくふうすることによって通常の決定的計算でも効率よく計算できる可能性は排除されていない．

　ここで，何かを判定する問題のうち，多項式計算量で計算できるものの集合を*P*，非決定的計算によって多項式計算量で判定できる問題の集合を*NP*で表そう．*NP*が*P*を含むのは明らかであるが，*NP*が真に*P*より大きい，つまり，*NP*に属する問題の中で，決定的計算ではどうやっても多項式計算量では計算できない問題があるかどうかについては，2016年現在結論が出ていない．この問題は*P* = *NP*問題あるいは*P* ≠ *NP*予想と呼ばれている．

7.7　*NP*完全問題

　これまでの話で，*P*問題はやさしく*NP*問題は難しい（らしい）ということとなった．この状況を踏まえて，2つの問題の間の関係が定義される．ある2つの問題*A*と*B*について，*A*への入力（I_Aとする）と*B*への入力（I_B）とを考える．このとき，I_AをI_Bへ変換する多項式時間の計算*C*が存在し，$A(I_A) = B(C(I_A))$が常に成り立つものとしよう（図7.6）．すると，問題*A*を解くには，直接にI_Aを入力として解かなくても，まずI_AをI_Bに変換しておいて，問題*B*として解けばよいことになる．このとき，問題*A*は問題*B*に**多項式時間還元可能**（**polynomial time reducible**）であると言う．

　この状況では，大雑把にいうと，問題*B*が解ければ問題*A*も解けると言

える．このとき，一般に I_B から I_A への変換，つまり C の逆変換が多項式時間でできるとは限らないので，問題 A が解ければ問題 B も解けるとは言えない．このことから，問題 B の方が問題 A よりも難しい問題ということができる．

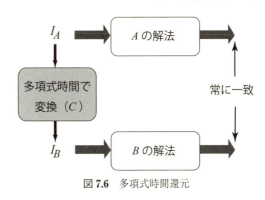

図 **7.6** 多項式時間還元

ある 1 つの NP 問題 Y があった場合，それが別の NP 問題 X に多項式時間還元可能であるものとしよう．つまり，問題 X の方が問題 Y よりも計算が難しいという状況である．さらに，任意の NP 問題がこの X に多項式時間還元可能であることが示されたとすると，この問題 X は NP 問題の中で一番難しい問題ということになる．この X を **NP 完全問題**（**NP-complete problem**）と呼ぶ．最初の NP 完全問題である論理式充足問題（Satisfying Problem, SAT）は 1971 年に S. Cook と L. Levin によって「発見」された．彼らは，ある問題を解く非決定的なチューリング機械に関する条件式群が SAT に置き換えられることを示した．

NP 完全問題は SAT の他にも数多く知られている．いわゆる組合せ問題や経路探索問題の他にもたくさんある．これらのほとんどは SAT に多項式時間還元可能ということで NP 完全性が証明されている．実際，数千を数える問題が NP 完全問題であることが示されている．もちろんこれらは多項式時間還元可能という意味において同等に難しい問題群である．

主なものとしては

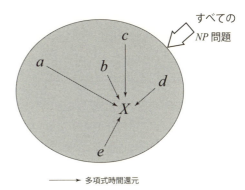

図 **7.7** NP 完全問題

ハミルトン閉路問題　　あるグラフの頂点を1回ずつ通る閉路の存在
巡回セールスマン問題　ある距離つきグラフ上で総距離が上限を超えない経路の存在
ナップザック問題　　　与えられた容量内で価値が下限以上となる積み方の存在

などがあり，実用上も重要なものが多い．さらに，もしNP完全問題のどれか1つについて多項式時間計算量の解法が発見されたとすると，多項式時間還元の方法により，すべてのNP問題が多項式時間計算量で計算できることになる．これは結果として

$$P = NP$$

であることを示すことになる．これについては多くの研究がなされているが，前節でも触れたとおり，2016年現在で未解決の問題となっている．

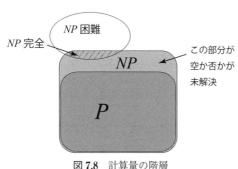

図 7.8　計算量の階層

NPについては，すべてのNP問題から多項式時間還元できる問題である **NP困難**（***NP hard***）という問題クラスも考えられている（図7.8）．このクラスの問題は判定問題でなくても，さらにはNP問題でなくてもよい．

7.8　すべての問題は解けるか——計算可能性

アルゴリズムの考え方は何千年も前からある．

> どんな問題でも正確に記述できさえすれば，応分の手間をかけることによって，結局は解が求まるか，解が存在しないことが証明できる．

これが長い間の（数学者を含めた）人々の信念であった．一見あたりまえではあるが実は楽天的なこの信念は，数学者のゲーデル（K. Gödel）が1931年に発表した不完全性定理によって完全に打ち砕かれた．この定理の計算機

科学分野への適用の1つである**停止問題**（**halting problem**）を示す．

7.8.1 データとしてのプログラム

停止問題を考える際に重要なことは，プログラムというものの把握方法である．これまでさまざまなアルゴリズムを扱い，それをプログラムの形で表現してきた．プログラム自体は，本書でも示してきたように，文字と記号の列で表現できる．そのデータを，5.3節で示したように，計算機構に供給することによって，プログラム実行の効果が実際に得られる．

一方，文字や記号の列を入力して解析し結果を出力するプログラムもある（図7.9(a)）．第1章で示した文字カウントは簡単な例である．また，ニュースの集約を行うプログラムは，文字列の形で与えられる大量のニュース記事を読み込んで，その意味を解析し，要約内容を表す記事を文字列の形で出力する．

以上の状況をまとめてみよう．

- プログラム自体は文字と記号の列で表される．
- 文字と記号の列を入力して処理するプログラムがある．

このことから

記号列で表されたプログラムを入力して処理するプログラム

が作れることがわかる図7.9(b)．実際に，人間向けに表現されたプログラム（記号の列）を入力してコンピュータ向けのプログラム（別の記号の列）に変換する，**コンパイラ**（**compiler**）と呼ばれるプログラムが存在する．この，実行されるプログラムとデータとしてのプログラムとの関係を把握しておくことが，停止問題の理解の第1のキーポイントとなる．

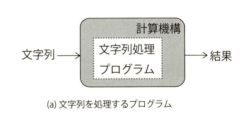

(a) 文字列を処理するプログラム

(b) プログラムを処理するプログラム

図7.9 データとしてのプログラム

7.8.2 停止判定プログラム

さて，停止問題では，次のようなプログラムの存在を問題とする．

> 任意のプログラム P とデータ D（いずれも文字列表現）を与えると，P に D を入力した場合に（最終的に）停止するかどうかを判定し，それ自体は停止する．

このような"停止判定プログラム"があれば，作成時の間違いにより停止することのないプログラムを，実行前にチェックすることができる．

このようなプログラム H が存在すると仮定しよう．つまり

$H(P, D) = $ プログラム P にデータ D を入力した結果を調べ
$\begin{cases} 止まる場合は "yes" を出力して終了． \\ 止まらない場合は "no" を出力して終了． \end{cases}$

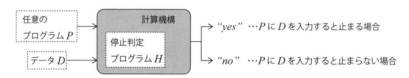

(a) 停止判定プログラム H

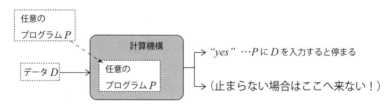

(b) 単なるシミュレーションは不可

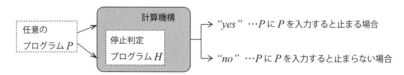

(c) 自己入力に対する停止判定

図 **7.10** 停止判定プログラム

意味を図で示す（図 7.10(a)）．ここで H の中身として，単に「P をシミュレートして D を入力してみる」のは，止まらない場合にはシミュレーションも止まらないので，それ自体は停止する，という H の振舞いとしては条件に合わない（図 7.10(b)）．H を構成するにはより複雑な仕組みが必要である．

さて，H の入力の 1 つ D は文字列であるので，プログラム P 自体の文字列表現であることも可能である．つまりこの場合は

$$H(P, P)$$

を扱うことになる．このような入力に対しても H は "yes" か "no" を出力して止まることが要請されている（図 7.10(c)）．

7.8.3 自己矛盾プログラム

次に，この H を使って次のようなアルゴリズム G を考える（図 7.11）．

$$G(P) = \begin{cases} H(P, P) \text{ が "yes" なら止まらない．} \\ H(P, P) \text{ が "no" なら止まる．} \end{cases}$$

ちなみに，止まらないプログラムは，必ず満たされる条件を継続条件とする反復処理，たとえば，

while $x < x + 1$ **do** $x \leftarrow x + 1$

などによって容易に作ることができる．

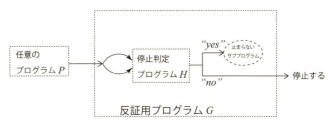

図 7.11 停止問題の反証プログラム

以上のように考えた H（存在を仮定）と G（H から構成）とについて，次の結果を考えよう．

$$G(G)$$

外側の G は計算機構によって解釈実行され，内側の G は単なる記号列とし

て処理されるので，このように自分自身を入力とする計算でも，"自分の尻尾を飲み込もうとする蛇"のような状況にはならない（図7.12）．

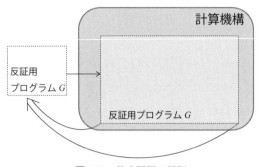

図7.12 停止問題の反証

$G(G)$ を書きかえると
$$G(G) = \begin{cases} H(G, G) \text{ が "yes" なら止まらない} \\ H(G, G) \text{ が "no" なら止まる.} \end{cases}$$
となる．ところが
$H(G, G) = G$ に G を入力した結果，つまり $G(G)$ の結果を調べ
$$\begin{cases} \text{止まる場合は "yes" を出力して終了} \\ \text{止まらない場合は "no" を出力して終了.} \end{cases}$$
であったので，

$G(G)$ が止まる場合は止まらない．

$G(G)$ が止まらない場合は止まる．

ということになる．これは明らかに矛盾であり，結局 H の存在は否定される．

以上の「非存在証明」では，何かの存在を仮定すると矛盾が生じることからその存在自体が否定されるという，背理法の技法が使われている．

不完全性定理は，一定の条件を満たす論理体系の能力の限界を示すこととなった．節頭に掲げた「信念」が否定されたのである．計算機科学の分野では，きちんと表現されているにもかかわらず計算不可能な問題が存在することが示されたのである．ここで示した停止問題に帰着させることによって，さまざまな問題が計算不可能であることが示される．実際には，計算可能な問題はありとあらゆる問題のごく一部にすぎない．さらにそのごく一部がア

7.8 すべての問題は解けるか 131

ルゴリズムが実行可能な問題なのである．それでもこれらの問題全体は充分
に大きいので，それらを計算するコンピュータが有用なのである．

問題
7.1 n^{10} が 2^n より小さくなる n の概略値を求めよ．
7.2 ハミルトン経路問題（7.7節）を解く非決定的な計算を考えてみよ．

考え事項
7.1 自分と同じプログラム（文字列表現）を出力するプログラムを考えてみよう．
この種のプログラムは**不動点プログラム**（**fixed point program**）と呼ばれる．
7.2 ここでの証明は**対角線論法**（**diagonal argument**）と呼ばれる．その概略を
調べてみよ．

第8章 問題解決

与えられた問題を解くことを，一般に**問題解決**（**problem solving**）と言う．もちろん，"汎用の問題解決法"のようなものは存在しないが，かなり多くの問題はいくつかのパターンに従っており，それに対応した取扱いをすることによって，比較的見通しよく処理することができる．本章では，問題解決の手がかりとなるいくつかの考え方について調べる．

8.1 形式化

よく，問題文を前にしてじっと腕組みをして考えてばかりいる人がいる．これではなかなか先へ進むことはできない．先へ進むための1つのやり方は"手を使う"ことである．与えられた問題をいろいろに表現してみることで，解決の手がかりが得られることが多い．その表現方法のうち有力なものの1つが，問題文の中から余計な部分を取り去り，本質的な部分を簡潔な記法で表す**抽象化**（**abstraction**）と**形式化**（**formalization**）である．

8.1.1 名前をつける

次の問題文について考えよう．

> 花子さんの赤い花柄の筆箱には，花子さんの青い格子縞の筆箱よりも鉛筆が8本多く入っています．太郎君の赤い格子縞の筆箱には，花子さんの青い格子縞の筆箱の2倍の鉛筆が入っていますが，花子さんの赤い花柄の筆箱よりは2本少ない鉛筆が入っています．この3個の筆箱にそれぞれ入っている鉛筆の本数を求めなさい．

読んでいてかなりいらいらする文章である．このような場合には，目的とするものを明確にし，それに適切な名前をつけるとよい．ここで求められているのは最後の文章にある，3個の筆箱それぞれの鉛筆の本数である．それで

134　第8章　問題解決

　　　　花子さんの赤い花柄の筆箱に入っている鉛筆の数　　＝花子赤

　　　　花子さんの青い格子縞の筆箱に入っている鉛筆の数＝花子青

　　　　太郎君の赤い格子縞の筆箱に入っている鉛筆の数　　＝太郎赤

と表すこととすると，問題文は次のように変わる．

　　　　花子赤は花子青より8多いです．太郎赤は花子青の2倍です

　　　　が花子赤よりは2少ないです．花子赤，花子青，太郎赤を求

　　　　めなさい．

　だいぶ状況がすっきりした．このように，解答には関係しない項目，たと
えば花柄や格子縞などを省き，着目するものに適切な名前をつけることによ
り，問題文の余計な部分にとらわれずに問題解決に専念できるようになる．

8.1.2　記号化する

　ここで使った"太郎赤"や"花子青"といった名前は，もともとの問題に
おける意味をできるだけ保持するように作られている．これらは，対応関係
さえ明確にしておけば，より簡潔な**記号**（**symbol**）にしてしまうことが可
能である．それと同時に，"…は…より…多い"といった類の数量関係の記
述には数学の記法が利用できる．こうして問題文は次のようなものとなる．

　　　　花子さんの赤い花柄の筆箱に入っている鉛筆の数　　＝ h_1

　　　　花子さんの青い格子縞の筆箱に入っている鉛筆の数＝ h_2

　　　　太郎君の赤い格子縞の筆箱に入っている鉛筆の数　　＝ t

とすれば

$$h_1 = h_2 + 8$$
$$t = h_2 \times 2$$
$$t = h_1 - 2$$

これは数学の世界で扱う**連立1次方程式**であり，簡単に解くことができる．
解答は $h_1 = 14$, $h_2 = 6$, $t = 12$ となる．

　よく，記号ばかりの無味乾燥な世界のように言われる数学であるが，実際
の問題においては，このように豊富な内容を記号に込めたうえで，能率的な
問題解決を志向しているのである．

8.1.3 状態の形式化

　記号で表すのは名前ばかりではない．上の例で四則演算を＋，－，×で表したのも，"…と…が等しい"という関係を"＝"で表したのも，すべて記号化である．これとは少し違ったものとして，"何かであること"すなわち状態を記号化することもある．

> 相撲の"巴戦"は３者同成績の場合の優勝者を決める方法で，
> 初戦は任意の２名が，それ以降は"直前の対戦の勝者"と
> "直前の対戦で休んでいた者"とが戦う．最初に連勝した者を
> 優勝者とする．このとき，"初戦を休んでいた者"の優勝は
> ３の倍数番目の対戦で決まることを示せ．

この問題では，それぞれの対戦の終了直後の状態の移り変わりが考慮の対象である．とりあえず記号化しよう．対戦者を A, B, C, 初戦は A と B の対戦とする．

状態の定義　　初期状態 $= S_0$

A が１勝している状態 $= S_A$

B が１勝している状態 $= S_B$

C が１勝している状態 $= S_C$

A が優勝した状態 $= S_{A+}$

B が優勝した状態 $= S_{B+}$

C が優勝した状態 $= S_{C+}$

移り変わり　　$S_0 \rightarrow S_A$, $S_0 \rightarrow S_B$　　　　　　…第１戦による

$S_A \rightarrow S_{A+}$, $S_B \rightarrow S_{B+}$, $S_C \rightarrow S_{C+}$　…連勝による優勝

$S_A \rightarrow S_B$, $S_A \rightarrow S_C$

$S_B \rightarrow S_C$, $S_B \rightarrow S_A$　　　　　　　…連勝できず

$S_C \rightarrow S_A$, $S_C \rightarrow S_B$

　"→"で表される個々の関係と全体関係を，３人について対称的に図示すると図8.1のようになる．

　この図は確かに問題文の条件の一部は表しているが，"直前に休んでいた

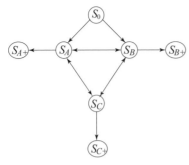

図 8.1 巴戦 – 1

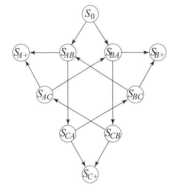

図 8.2 巴戦 – 2

者と戦う"という条件が入っていない．この図だけでは，たとえば A と B が連続して対戦できてしまう．この制限を表すためには，同じ "A が 1 勝している状態" でも，"誰に勝ったか" を区別する必要がある．たとえば，A が B に勝って 1 勝している状態を S_{AB}，A が C に勝って 1 勝している状態を S_{AC} としよう．ほかも同様に S_{BC}，S_{BA}，S_{CA}，S_{CB} を定義する．新たな状態の移り変わりは図 8.2 のようになる．

この図を見れば，"C が優勝した状態"（S_{C+}）にたどり着くのは，S_{CA} か S_{CB} へ行った後，$S_{BC} \to S_{AB} \to S_{CA}$ か，$S_{AC} \to S_{BA} \to S_{CB}$ の，どちらも 1 周 3 のループを（0 回を含む）何回か回ってからであることがわかる．これで "初戦を休んでいた者" つまり C が優勝するのが，3 の倍数番目の対戦であることが証明できた．

この例のように，着目しているのが "何かであること" という様子であることがよくある．このような "何か" のことを**状態**（**state**）と呼ぶ．状態として把握する場合は，他の状態との区別が重要なのであって，その状態の細部は考えない．たとえば，"現在勝ち残っている者" にだけ着目している場合は S_{AB}，S_{AC} は区別せずに，ただ S_A として考えればよい．

ある状態から別の（あるいは同じ）状態へ移ることを，**状態遷移**（**state transition**）と呼ぶ．状態や状態遷移は巴戦の例のように記号列で表してもよいが，状態を丸，状態遷移を矢印で表した図表現が思考の助けとなることが多い．これを**状態遷移図**（**state transition diagram**）と呼ぶ．状態と状態遷移の考え方は，問題解決の手法として応用範囲が広い．

8.1.4 論理による形式化

　求められている答が数量ではなく，いくつかの選択肢のどれかを決めることであることもある．この場合は"白黒をつける"ための道具である命題論理を試してみるとよい．とくに，場合の数が小さいときには，一覧表にしてしまえば解けることもある．次の問題を考えよう．

　　　太郎と次郎のどちらか1人は信用できない人である．太郎が
　　「次郎は信用できる人だ」と言った．太郎自身は信用できるか．

"信用できる人"が言うことは常に正しいが，"信用できない人"は"嘘つき"とは違って，正しいことも正しくないことも言う．もちろん，どちらかはわからない．いまの場合，仮に太郎が"信用できる人"だとすると，太郎が言った"次郎は信用できる人"が正しいことになる．すると，どちらも"信用できる人"になってしまい，"どちらか1人は信用できない"という条件に反してしまう．これに対して太郎が"信用できない人"であるとすれば，正しいことを言うこともあるので"次郎は信用できる人"が正しいとしてもよい．結局，太郎自身は"信用できない人"であることがわかる．

　この議論では，結局はある種の場合分けを行っている．そこで一覧表方式でやってみよう．あり得る場合は次の4通りである．

場合	太郎	次郎
1	信	信
2	信	不
3	不	信
4	不	不

　場合1は"どちらか1人は信用できない人"という条件より排除される．また，場合2では信用できる人である太郎が「次郎は信用できる」と言っているのと矛盾する．結局，場合3と場合4が残り，「太郎は信用できない」という結論が得られる．

　この例のように，"何かを前提とすれば別の事柄が導かれる"という種類の議論は，白黒をつける問題の基本でもある．とくに，前提の正しさが常に保証されているわけではない場合には，命題論理が有用である．

138 第8章 問題解決

前提 A と帰結 B との関係を確認しておこう．これを $A \rightarrow B$ と表し，真を 1，偽を 0 で表すことにする．

A	B	$A \rightarrow B$
0	0	1
0	1	1
1	0	0
1	1	1

ここでの例では A＝太郎，B＝次郎であり，"どちらか1人は信用できない"ということで4行目が外れ，"太郎の発言があり得る"，つまり $A \rightarrow B$ が1となる1，2行目が残る．どちらにしても A＝0，つまり太郎自身は信用できないことが結論となる．

前提—帰結関係は "「前提が成立し，帰結が成立しない」ことだけはない" と定義してもよい．注意すべきことは，"前提が成立しなければ何を帰結してもよい" ことで，

　　「君が聖徳太子なら，僕なんかはアインシュタインだね．」

という "命題" は，聖徳太子に向かって言うのでなければ常に真なのである．もう少し大きな例題を見よう．

　　アリス，ボブ，クレア，ダグの4人がキャンプに行ったが，
　　誰か1人が皆の食料を全部食べてしまった．調べたところ，
　　次のような証言が得られた．
　　　　アリス：ボブは犯人じゃないわよ．
　　　　ボブ：クレアは犯人じゃないよ．
　　　　ダグ：アリスは犯人じゃないよ．
　　犯人の言うことは信用できず，犯人以外の人の言うことは
　　信用できる．誰が犯人か．

この問題をやみくもに一覧表方式で扱うと，4人それぞれについて犯人である／なしの2通り，全体で 2^4 ＝ 16行の表が必要である．しかし，犯人を1人と仮定すれば4通りで済む．次に各証言の扱いであるが，たとえばアリスが「ボブは犯人ではない」と言うのは

アリスが犯人でなければボブは犯人ではない

アリスが犯人であればボブについては何も言えない

と定式化できるが，これは"アリス → ボブ"と表せる．ここで登場人物を A, B, C, D で表せば，次のような一覧表ができる．

A	B	C	D	$A \to B$	$B \to C$	$D \to A$
0	1	1	1	1	1	0
1	0	1	1	0	1	1
1	1	0	1	1	0	1
1	1	1	0	1	1	1

この段階で，この3個の証言がなされ得るのは，右側の欄がすべて1である行，すなわち D のみが0である行であり，タグ（D）が犯人であるという結論となる．

この問題で犯人が2人いると仮定すると，6通りの場合の表を作って解析すれば，アリス（A）とダグ（D）の2人が怪しいことがわかる．

この例が8.1.1および8.1.2項での形式化の扱いと同じであることを注意しておこう．名前をつけ記号化し，問題解決の諸手段（前例では連立1次方程式，本例では命題論理）を利用するのである．

8.2 逆問題

ある種の問題では，別の問題を"逆さま向きに解く"ことを求められる．この，別の問題の性質がよくわかっている場合には，それを手がかりとしてもとの問題を解決できることがある．

8.2.1 逆問題とは

逆問題（**inverse problem**）とは，解くことが（一般には）簡単な問題について，その結果から最初の状況を求める問題である．たとえば，"与えられた数を2乗せよ"というもとの問題では

$$2017^2 = ??$$

とくればかけ算を実行して答"4068289"を計算するが，この逆問題"2乗

140 第8章 問題解決

すると与えられた数になる数を求めよ"では,

$$??^2 = 4068289$$

という問題に対して開平（平方根を求める）の演算をしなければならない.
また，因数分解

$$(x + ??)\,(x + ???) = x^2 + 2x - 24 \text{ の ?? と ??? とを求めよ.}$$

は，式の展開

$$(x + 6)\,(x - 4) = ???? \text{ の ???? を求めよ}$$

の逆問題である.

　ふつうはやさしい問題の方を先に手がけるので，その逆問題は一般には解くのが難しい．日常出てくる逆問題関係には，加算と減算，乗算と除算，2乗と開平，2次式の計算と2次方程式，ジグソーパズルの分解と構成などがある．すなわち，"目的とする最終結果が得られるようなやり方（数，配置，など）を求める"という種類のものが，典型的な難しい逆問題である．前章で触れた探索は"添え字から値を求める"という問題の逆問題であり，その解法には効率面の工夫が必要なのである.

8.2.2　逐次接近型の解き方

　開平や除算のようによく使われる逆問題については，効率のよい解き方や専用の回路などが作られている．しかし一般的には，逆問題を効率的に解く方法がないのがふつうである．そのような場合でも，できるだけ能率のよいやり方の方がよいのは言うまでもない.

　最も簡単だが最も絶望的であるのは"当てずっぽう"の方法である．たとえば4068289の開平問題では，**任意に数を選んでそれを2乗してみる**．それで"当たれば"解が見つかる．しかしこれではいかにも芸がないので，もとの問題（ここでは2乗）の性質をできるだけ利用して，**探す範囲を限定**することを考える．なお，解は正の数であるとする.

　2乗の性質として最も簡単な「もとの数が大きくなればその2乗数も大きくなる」および「2以上の数の2乗はもとの数より大きい」を使おう．これらの性質から，ここで求めている数は4068289よりは小さいことがわかる．したがって探す範囲は1 〜 4068288となり，まったくの当てずっぽうよりはましになった.

この考えを少し進めて，探す範囲を狭めるための"試行"をしてみよう．
たとえば

$$1^2 = \qquad\qquad 1 < 4068289$$
$$10^2 = \qquad\qquad 100 < 4068289$$
$$100^2 = \qquad\quad 10000 < 4068289$$
$$1000^2 = \quad\ 1000000 < 4068289$$
$$10000^2 = 100000000 > 4068289$$

という調査から，範囲として $1000 \sim 100000$ までに絞ることができる．さらにこの範囲内を 1000 ごとに調べると

$$2000^2 = 4000000 < 4068289$$
$$3000^2 = 9000000 > 4068289$$

となり，範囲はさらに $2000 \sim 3000$ と狭まった．また

$$2100^2 = 4410000 > 4068289$$

により $2000 \sim 2100$ と狭まり

$$2010^2 = 4040100 < 4068289$$
$$2020^2 = 4080400 > 4068289$$

により $2010 \sim 2020$ と狭まった．

このように**最初はおおまかに，次第に細かく範囲を狭めてゆく方法**は，逆問題の解法として最も一般的で有力なものである．この調べ方を系統的に詳細にしてゆく方法の1つが，第6章で紹介した2分探索である．2分探索では，ここで示したような"アドホックな試行値"ではなく，探索範囲を一律に半分半分にしてゆく．

8.2.3 逐次接近の高速化

逐次接近の方法は，もとの問題において，もとの値の変化が結果の値の変化に「すなおに」表れるような性質がある場合に適用できる．もとの値が少し変わっただけで結果がとんでもなく変化するような問題の解決には，逐次接近の方法は向いていない．

最もすなおな変化は，2分探索が前提とした**単調**（**monotonic**）な変化であり，2乗もこの性質をもっている．少し制限を強めて，もとの値の微小な**変化が結果の値の微小な変化になる**ものとすると，もっと効率的な逐次接近

が可能である．この性質があると，ごく狭い範囲であれば，もとの値の変化量と結果の値の変化量は比例するものとみなすことができる．このことを，数学の用語では**微分可能**（**differentiable**）であると言う．グラフに描いたとすると，狭い範囲ではほぼ直線になる．4068289 の開平問題に適用してみよう．$2000^2 = 4000000 < 4068289$ はわかっている．微小な変化を調べると $2001^2 = 4004001$ であり，2000 から 2001 へ 1 だけ増加するとその 2 乗値は 4001 だけ変化する．したがって求める値は

"2000 よりも (4068289 − 4000000)/4001 = 17.068 だけ大きい数"

の付近にあると言うことができる．そこで 2000 + 17.068 = 2017.068 を 2 乗すると 4068563.316 と "ぐっと近く" なっている（図 8.3）．これをもう 1 回繰り返すと更に解に近づく．

この方法は，数値計算においては**ニュートン・ラフソン法**（**Newton-Raphson method**）と呼ばれ，うまくゆき始めると急速に解の精度がよくなるという性質をもっている．

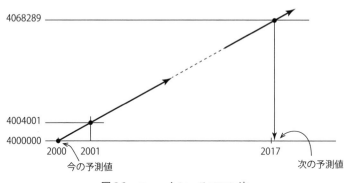

図 8.3 ニュートン・ラフソン法

8.2.4 逆問題の難しさ

数値計算ではよく逆問題を解く．それは前項でも述べたとおり，微小な変化に対して "性質のよい" 演算が多いからである．しかし他の分野ではこのよい性質はほとんど期待できない．そこでもとの問題の性質から導かれるさまざまな関係を考えて，たくさんの**解の候補**を系統的に**生成**し，それを順に試してゆくというやり方が一般的に行われている．これを**生成・検査法**

(**generator-tester method**) と呼ぶ．

3次式 $x^3 + 12x^2 + 44x + 48$ の因数分解を逆問題として考えよう．なお，整数の範囲での解に限ることにする．まず，求める式を

$(x + a)(x + b)(x + c), \quad a \leq b \leq c$

とすると，これを展開した式と問題の式とを比べることにより，

$a + b + c = 12, \quad ab + bc + ca = 44, \quad abc = 48$

という関係がわかる．この中で一番扱いやすそうなのは3番目の関係である．数 48 は $1 \times 2 \times 2 \times 2 \times 2 \times 3$ と素因数に分解できるので，これらを組み合わせて，かけ合わせると 48 になる3個の数が，まずリストアップできる．3個の数を小さい順に組で表すと次の9通りとなる（符号は省略）．

(1, 1, 48) (1, 2, 24) (1, 3, 16) (1, 4, 12) (1, 6, 8)
(2, 2, 12) (2, 3, 8) (2, 4, 6) (3, 4, 4)

次に1番目の関係を使う．この3個一組の数を（符号をつけたものを含め）足したり引いたりして，12 になるものを探すわけである．候補としては以下のものが残る．

(−1, −3, 16) (−2, 2, 12) (2, 4, 6)

このそれぞれを2番目の関係式の左辺へ代入すると，値が順に − 61, − 4, 44 となり，

$a = 2, \; b = 4, \; c = 6$ すなわち $(x + 2)(x + 4)(x + 6)$

という解が決定される（図 8.4）．

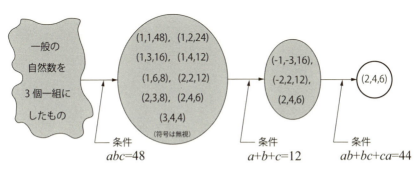

図 **8.4** 解の絞込み

このように，逆問題は一般的に解くのが難しい．解くに当たっては，ここ

144　第 8 章　問題解決

で示したようにその逆問題の"もとの"問題を明確にし，その種々の性質を利用して解の範囲や解の候補を絞り込んでゆく．このような作業にはかなりの計算量を必要とするので，コンピュータの高速性が発揮される分野でもある．

8.3　問題の分割

"問題を前に腕組みをする"に対抗する定石の 1 つは，問題を全部ひとまとめとしてではなく，いくつかの要素に分割して各個撃破を目指すことである．これを"問題の分割"と言う．

8.3.1　少しずつ区切る

1 学年 400 人の英語のテストの平均点を手計算で求めるものとしよう．頭から順に最後まで足してゆくと必ず間違える．この場合は，400 人分の得点データを（たとえば）20 人分ずつに等分し，それぞれの部分の総和を求め，最後にそれらの 20 個の値の総計を求める，といった手順が現実的である．こうしたとしても，必要な足し算の数は

$$(20 - 1) \times 20 + (20 - 1) = 399$$

であり，一気にやる方法と変わらない．それでは何がよくなるのだろうか．それは"処理の信頼性"である．

足し算のような単純な操作でも誤る確率は 0 ではない．人間にとって，100 回の足し算を（検算なしで）誤りなしに行うのは簡単なことではない．したがって，400 個の数の足し算ではほぼ確実に間違いが発生する．これに対して 20 個の場合はたいてい大丈夫である．検算を行うにしても，400 個の場合は検算を正しく行うのも難しいが，20 個の場合はほぼ確実に間違いか／正しいかが判定でき，間違っていたことがわかった場合でもそのブロックだけを再計算するだけですむ．このように，大量のデータを扱う場合には，単にデータを分割するだけでも問題解決に非常に有効であることが多い．コンピュータを使った処理では，大量のデータの格納方法そのものが問題になる場合に，分割を余儀なくされることも多い．

8.3.2　逐次分割する

　問題の性質にもよるが，解決手順がすなおに逐次的に分割できる場合がある．

　　　　与えられた文が回文かどうかを検査する．

回文（**palindrome**）とは前から読んでも後ろから逆向きに読んでも同じになる文である．「子猫（こねこ）」，「竹籔焼けた（たけやぶやけた）」，「問う良き京都（とうよききようと）」，「断線監視の新幹線だ（だんせんかんしのしんかんせんだ）」などが例である．この問題では，前から読んだものと後ろから読んだものとを合わせてみなくてはいけないので，文を全部準備してからでないと"合わせる処理"が始められない．したがって全体の手順は，

　　　　<u>文全体の準備</u>　それから　<u>回文検査</u>

とならざるを得ない．これは自然に問題が分割される例である．

　ここでの"文全体を準備する"という処理について考える．通常のデータ処理では，文は少しずつ，たとえば1文字ずつ与えられる．百人一首がその例であった．少し違う例を見てみよう．

　　　　12ヵ月分の売上データから，5ヵ月幅の移動平均値を算出する．
　　　　ただし1月と12月はその月の値，2月と11月は3ヵ月幅の平均値とする．

移動平均は全体的な変動を見る場合に使う平均で，たとえば5ヵ月幅の9月の移動平均値は

$$(7月の値 + 8月の値 + 9月の値 + 10月の値 + 11月の値) \times \frac{1}{5}$$

で計算する．この式でもわかるとおり，11月の値までわかって初めて9月の移動平均の値が計算できる．そこで5ヵ月分の値をとっておく領域を用意して，読み込む都度計算する手順も考えられるが，かなり込み入ったものとなり，変数の添え字の扱いを間違えるとすぐに誤った答となってしまう．この問題の場合，もし可能なら12個の変数を使った方法とするのがよい．ここで，1つのデータを得るために *input* を，1つの結果を出力するために *output* を，それぞれ使うものとする．

for $i = 1..12 \{ w_i \leftarrow input \}$;

$output\ (w_1)$;

$output\ ((w_1 + w_2 + w_3)/3)$;

for $i = 3..10 \{ output\ ((w_{i-2} + w_{i-1} + w_i + w_{i+1} + w_{i+2})/5) \}$;

$output\ ((w_{10} + w_{11} + w_{12})/3)$;

$output\ (w_{12})$

この手順では，値の準備の処理と計算の処理とが分離され，計算式もすっきりしたものとなっている．すなわち全体が

　　値の準備　それから　計算

と分割されている．さらにこの計算の部分が

　　1, 2月の計算　それから　3～10月の計算
　　　　　　　　　それから　11, 12月の計算

と逐次的に分割されている（図8.5）．

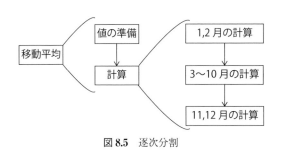

図8.5　逐次分割

この例は，問題解決の手順を適切に分割することによって，分割された個々の手順の作成が容易となることがあることを示している．このように，解決をひと区切り，またひと区切りと進めてゆくことは，問題解決の重要な手法の1つである．

8.3.3　構造的に分割する

手順の細分化はよく行われるが，これには問題解決上で次のような効果がある．

(1) おおまかなことから順に考えてゆくので，全体を見渡した解析や気配りがやりやすい．

(2) 分割の1段階ごとに，手順の正しさを確かめやすい．

(3) 細分された手順はもとのものよりも小さいので，作成が容易であり誤りの混入も少なくなる．

このように，まず全体を考え，それを細分してゆくことによって順に要素部分を処理・作成し，最後に全体としてまとめあげるやり方を**トップダウン**（**top down**）の方法といい，見通しのよい問題解決を行う手立てとして重要である．これとは逆に，最初は最も小規模な手順から考えて，それを順に組み合わせて次第におおまかな手順とし，最後に全体を構成するやり方を**ボトムアップ**（**bottom up**）の方法と言う．

実際の問題解決では，純粋にトップダウンのみ，あるいはボトムアップのみで手順を構成することはない．トップダウンの方法でも，最終的に利用できる要素的な処理の知識は必要である．また，全体の目的をまったく知らなければ，ボトムアップの方法がうまくゆくわけはない．問題解決の各段階・局面において，両方の考え方を適切に使用することが大切である．ただし，トップダウンのやり方を知っていれば，同じ問題を与えられても，よりすっきりした解決手順を構成できることが多い．

8.3.4 同型手順への分割——再帰分割

これまでに見た手順分割（あるいは問題分割）の中でも，トップダウンの考え方は計算機科学や情報処理にとって非常に重要である．適切な分割ができれば，それだけで問題がほぼ解決できてしまう場合も少なくない．

トップダウンの考え方から出てくる特徴的なやり方の1つに，ある（部分）手順を分割するのにその手順自体を利用することがある．もちろん，まったく同じ手順では分割したことにならないので，扱うデータの大きさなどを小さくする．このやり方を一般に**再帰**（**recursion**）と言う．回文検査の例で見てみよう．

対象となる文章は，読みの列として変数の列 $y_1, y_2, \cdots, y_n$ に用意されているものとしよう．たとえば「とうよききようと」という文では $n = 8$ であり，

$$y_1 = \text{``と''}, \ y_2 = \text{``う''}, \ y_3 = \text{``よ''}, \ \cdots, \ y_8 = \text{``と''}$$

というぐあいである．このようにしたうえで

$$y_1 = y_n, \ y_2 = y_{n-1}, \ y_3 = y_{n-2}, \ \cdots$$

がすべて成立するかどうかを調べればよい．ここで，y_p から y_q までつながった読みの列を $[y_p .. y_q]$ と書くことにする．まず文を外側から調べるものとすると，次のような手順が考えられる．

＜$[y_1 .. y_n]$ の回文検査―ボトムアップ型＞
  $p \leftarrow 1; \quad q \leftarrow n;$
  while $p < q$ かつ $y_p = y_q$
   $\{ p \leftarrow p + 1; q \leftarrow q - 1 \};$
  if $p \geq q$ **then** { 結果←"yes" }
    else { 結果←"no" }

これは，最も下のレベルである読みの列を直接に比較するボトムアップ的なアルゴリズムである（図8.6の上）．これに対してトップダウン的な考え方では，"回文である"という概念をより直接的に利用する．

＜$[y_1 .. y_n]$ の回文検査―トップダウン型＞
  結果←$[y_1 .. y_n]$ の回文検査
   "$[y_p .. y_q]$ の回文検査" =
    if $p \geq q$ **then** { 結果←"yes" } … "空文と1文字文は回文"
    else if $y_p = y_q$ かつ $[y_{p+1} .. y_{q-1}]$ が回文
     then { 結果←"yes" }
     else { 結果←"no" }

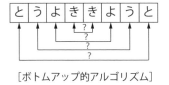

[ボトムアップ的アルゴリズム]

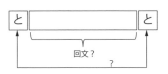

[トップダウン的アルゴリズム]

図 **8.6** 回文検査

このアルゴリズムの核心は "$[y_i .. y_j]$ が回文かどうか"を調べるのに "一文字内側の $[y_{i+1} .. y_{j-1}]$ が回文かどうか"の結果を使っている．ことである．「とうよききようと」にこのアルゴリズムを適用した結果を図8.6の下に示す．このように，ある処理の記述に自分自身を用いるのが再帰の形である．もちろん，まったく同じ処理を"呼び出す"のでは永遠に終了しない．この例でも，扱っている読み列の長さが2だけ減少しており，いつかは1文字あるいは空文字列となって

停止する．

　後者における再帰の使用が，アルゴリズムを非常に簡明なものにしている．この例のように"何かを直線的に"処理する場合であっても，再帰の利用が効果をあげることがある．さらにデータに構造をもたせた場合には，その構造に即した再帰的処理が必須である場合が多い．

8.4　手順の導出

　問題解決の一種として，"何かを求める手順"を求めることを考えよう．これはいわば，アルゴリズムを決定するアルゴリズムであり，一般的にはもちろん決定不能である．しかし，求めるアルゴリズムが従うべき原則を探すことで，問題を解決できることもある．

8.4.1　評価関数

　裏返し合戦というゲーム（原名リバーシ（reversi），オセロとも言う）がある．

　8 × 8 のマス目の中央の 4 つの場所に黒と白の駒を置き，交互に駒を置いてゆく．置くときには，味方の駒で相手の駒（の列）を挟むようにし，挟んだ相手の駒は全部自分の色に変えてしまう（図 8.7）．使用する駒は表が白，裏が黒となっているので，色を変えるには駒を裏返せばよい．ゲーム名の由来である．最後に自分の色の多い方が勝ちである．

　このゲームを少しやってみると，マス目によって"そこに置くこと"の重要性にずいぶん差があることがわかる．たとえば四隅のマス目に置いたコマは，それ自体が挟まれることが決してない．したがってここを占拠するとかなり有利になる．また最外周にあるマス目（四隅を除いて 24 ある）も，縦あるいは横に"最後に逆転させ

オセロゲーム盤

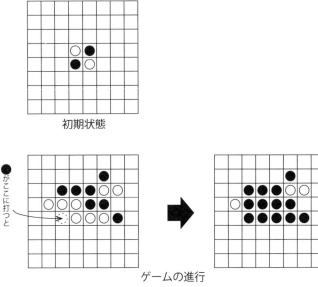

図 8.7 リバーシのゲーム

るための起点"としてそこそこ重要である．これに対して外周から 2 番目の
マス目（全部で 20 ある）は，一時的にそこに置けたとしても最後に逆転さ
れてしまうことがほとんどなので，重要でない，というよりそこには置かな

200	40	70	30	30	70	40	200
40	5	7	6	6	7	5	40
70	7	40	30	30	40	7	70
30	6	30	1	1	30	6	30
30	6	30	1	1	30	6	30
70	7	30	30	30	40	7	70
40	5	7	6	6	7	5	40
200	40	70	30	30	70	40	200

図 8.8 リバーシの重みの例

い方がよい．このような考察から，
ある局面の"自分にとっての有利
さ"を評価するための尺度を考える
ことができる．たとえば図 8.8 のよ
うに各マス目に評価値を設定してお
き，自分の駒がそこを占めていれば
プラスに，相手の駒があればマイナ
スに，それぞれカウントして総和を
とるようにする．

　このような"局面の情勢"を数値
化したものを**評価関数（evaluation
function）**と呼ぶ．評価関数は，問

題の全局面の解析が困難である場合，たとえばゲームのプログラムなどでよく使用される．

8.4.2 局所最適戦略

評価関数が得られているものとすると，次のような戦略が考えられる．

(1) 可能なすべての選択肢のそれぞれについて "仮にやってみた結果の評価関数" を計算し，最も値が大きい選択肢を選択する．これを "1手読み戦略" と呼ぶ（図8.9）．
(2) 1手読み戦略では相手の出方を考慮していない．相手も1手読み戦略を使っているとすると

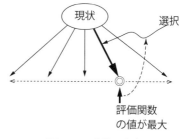

図 **8.9** 1手読み戦略

"自分がやって相手がやったすべての場合について1手読み戦略を使う"

という必要がある．これを "3手読み戦略" と呼ぶ（図8.10）．

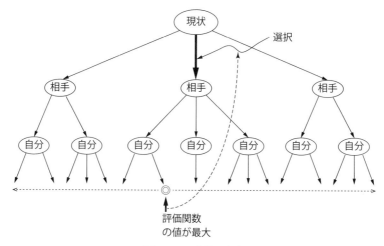

図 **8.10** 3手読み戦略

(3) 以下同様にして，一般的に $2n+1$ 手読み戦略（$n = 0, 1, 2, \cdots$）が考えられる．

ここで，"読みが深くなる"と，考えなければならない場合の数が指数関数的に増大してしまうので，適当なところで打ち切る必要がある．また，たとえば自分の番に対応する評価関数の計算は，それまでに得られている最大値より小さいことがわかった時点で，打ち切ることができる．相手の番の場合はこれが逆になる．このようにして計算量を節約することもできる．この局所最適戦略は，"すべての参加者が常に最適な選択肢を選ぶ"タイプの問題に対して一般的に使用されている．

8.4.3 限界値戦略

最適性が評価関数値の大小ではなく，別の基準で測られる問題群もある．"場合当て"形式の例を見てみよう．

玉が n 個（$n \geq 3$）あり，全部が同じ重さであるか，どれか1個だけの重さが他の玉と少しだけ異なるという．上皿天秤を使ってこの状況を明らかにしたい（図 8.11）．天秤の使用回数ができるだけ少ないやり方を求めよ．

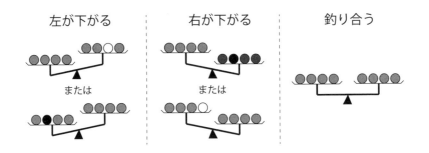

図 8.11　天秤による場合分け

まず，あり得る場合を数え上げよう．玉には1から n までの番号がついて

いるものとし，k番の玉だけが重い場合を$k+$，軽い場合を$k-$，すべてが
同じ場合を0，と表すことにする．まず$n = 3$の場合を見てみよう．全体で

  $1+$，$2+$，$3+$，$1-$，$2-$，$3-$，0

の7通りの場合が存在する．ここでまず，1番玉を天秤の左に，2番玉を右に，
それぞれ載せてみよう．すると天秤の状態に応じて以下の3通りに場合分け
できる．

  左が下がり右が上がる場合：$1+$，$2-$　　…Ⓐ
  左が上がり右が下がる場合：$1-$，$2+$　　…Ⓑ
  釣り合う場合　　　　　　：$3+$，$3-$，0 …Ⓒ

ⒶとⒷの場合は3番玉が正常であることがわかるので，たとえば1番玉と3
番玉とを比較すればよい．Ⓒでも（1, 2番玉が正常なので）同じく1番玉
と3番玉とを比較すればよい．

 この小さな例でわかる通り，天秤を1回使うと，そのときに残っていた"あ
り得る場合"の集合が3つに分割される．この分割はやり方によってさまざ
まになるが，偏りが小さい方が，最悪の場合を最良にするという意味で良い
方法であると言える（7.1節参照）．そしてこのことは，天秤の使用回数が
決まっている場合に何個までの場合が扱えるかを求めるという問題に適用で
きる．この問題で玉の数が3以上の場合，何回の天秤使用が必要かを調べて
みよう．

 たとえば天秤を3回使用する場合，原理的には$3^3 = 27$通りの場合に対処
できる．これはこの問題では$n = 13$に対応する．あり得る場合は$1+$，$2+$，
…，$13+$，$1-$，$2-$，…，$13-$，0の27個である．これを検討してみよう．
初回に天秤の両方の皿に玉をk個ずつ載せたものとすると，

- 傾いた場合：下がった方に乗せた玉のどれかが重い（場合数k）か，上
がった方に乗せた玉のどれかが軽い（場合数k）．したがって，あり得
る場合数は合計$2k$であり，これが$3^2 = 9$以下という条件から$k \leq 4$と
なる．
- 釣り合った場合：載せなかった残りの$k' = 13 - 2k$個のどれかが重い
か軽いか，あるいはすべて同じ重さであり，場合数は$2k' + 1 = 2(13 -
2k) + 1 = 27 - 4k$となる．これが$3^2 = 9$以下という条件から$k \geq 5$が
導かれる．

154　第8章　問題解決

この2つの条件，$k \leq 4$ と $k \geq 5$ とを同時に満たす k の値は存在しないので，天秤をあと2回使用する解は存在しないことがわかった．それでは $n = 12$ なら可能であろうか．

　同じように考えると，傾いたときの条件から $2k \leq 9$，つまり $k \leq 4$ が導かれ，釣り合ったときの条件から $2k' + 1 = 2(12 - 2k) + 1 = 25 - 4k \leq 9$ より $k \geq 4$ となり，$k = 4$ でなければならないことが導かれる．続いて，$n = 12$ の場合の2回目を，1回目が釣り合った場合とそうでない場合とに分けて考えよう．

- 1回目が釣り合った場合：残りの4個のうち2回目に天秤に載せる玉の個数を m とする．
  - 2回目も釣り合ったとすると，場合数の条件が $2(4 - m) + 1 \leq 3$ となり $m \geq 3$ となる．
  - 2回目が釣り合わなければ残りの場合数は m であり，$m \leq 3$ となる．以上より条件 $m = 3$ が決まる．
- 1回目が傾いた場合：量った8個のうち2回目に天秤に載せる玉の個数を j とすると，釣り合った場合と同様に考えて，$j = 5$ または 6 である必要があることがわかる．

　これ以降の詳しい手順は省略する．このように，実際の手順を考える前に，関係する玉の個数（k, m, j など）に関する条件式を調べると，見通しのよい問題解決が可能となることが多い．

　ここでの問題解決の戦略は，1回の天秤の使用で3分割される場合数の最大値をある限界値以下に抑える限界値戦略である．この例での限界値は「3の"残り回数"乗」であった．この戦略は，最適なやり方（手順）を求める問題でよく使われる．

問題

8.1　40円の商品を売る自動販売機が10円玉，50円玉，100円玉を受け付け，釣銭も出すという．この自動販売機の動作を表す状態遷移図を描け．

8.2　3次式 $x^3 + 4x^2 - 15x - 18$ を生成・検査法で因数分解せよ．

8.3 記号列 $[y_1, y_2, \cdots, y_n]$ を反転するやり方として，$[y_1, y_2, \cdots, y_{n-1}]$ を反転して先頭に y_n を付ける方法がある．この方法が再帰分割によるトップダウン的なものであることを確かめよ．

8.4 一般の 2 人ゲームで着手可能な選択肢の数を k とするとき，5 手読み戦略で読まなければならない局面数は k^5 である．将棋と囲碁について k を見積もり，k^5 を求めよ．

考え事項

8.1 8.4.3 項の外れ玉当て問題で天秤を 4 回使うと，原理的には $3^4 = 81$ 通りの場合に対処できるが，これは 40 個の玉に相当する．40 個，39 個，38 個の各場合についての判定手順を考えよ．

第9章 ソフトウェアとプログラム言語

プログラムの本質はアルゴリズムであり，抽象化された世界での話である．一方われわれは，現実の計算機械，たとえばコンピュータをもっており，プログラムを「実行」することができる．この，抽象物の現実世界への適用に伴って，さまざまな問題が発生する．本章ではこれに対処するいくつかの手法を示す．

9.1 プログラムからソフトウェアへ

9.1.1 プログラムの実用化

プログラムが実行される現実状況の複雑さについて考えよう．まず最初に構成される"中心となるアルゴリズム"は，ほとんどの場合"解を求めるのに都合のよい状況"にしか対応していない．したがってこれを実用に供するためには，"その他大勢"の状況に対処する処理をつけ加える必要がある．簡単な例を示そう．

> 長さ L メートルのハシゴで地上高 H メートルの窓から人を助けたい．ハシゴの足を建物から何メートル離して立てればよいか（図9.1）．

一見非常に単純な問題である．答を x メートルとすれば

$$x = \sqrt{L^2 - H^2}$$

と計算できる．プログラムはたとえば

  $print\ (SquareRoot\ (L \times L - H \times H),\ "メートルです．")$

などとなろう．ここで $SquareRoot$ は非負の数の平方根（非負値）を計算する関数とする．

この，一見すると何でもない問題に対するプログラムについて調べよう．

まず，このプログラムが前提としているのは，たとえば $60°$ ぐらいに傾いて立てかけられるハシゴであるが，L と H の値によっては不適切な場合も

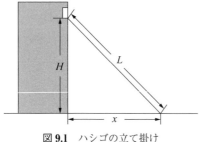

図 9.1 ハシゴの立て掛け

ある.たとえば $H > L$ の場合もあり,このときは窓が高すぎる.ハシゴの長さより高い窓には届くはずもないが,"プログラムはそんなことは知らない".平気で $L^2 - H^2$ (< 0) を *SquareRoot* に与え,「負数の平方根は計算できません」というエラーが発生してしまう.これを防ぐには次のような措置が必要である.

 if $H > L$
  then { *print* ("届きません.")}
  else { *print* (*SquareRoot* ($L \times L - H \times H$), "メートルです.")}

ここで else の後の部分は,if の条件が成立しないときにのみ実行される.少し冷静になって問題をもう少し検討してみよう.目的は人を助けることであった."ハシゴ"という言葉からかなり高い位置にある窓を想像してしまうが,H の値には,いまのところは L 以下という制限しかついていない.たとえば $H = 0$ なら $x = L$ が答であるが,それは地面にねかせたハシゴの上をわざわざ歩かせることを意味する.2メートル以下なら自分で飛び降りてもらう方がよほど安全で速い.また,ひょっとすると地下室 ($H < 0$) が指定されるかもしれないので,それも防止しておこう.

 if $H < 0$
  then {*print* ("地下室はダメです.")}
  else {if $H < 2$
    then {*print* ("飛び降りて下さい.")}
    else {if $H > L$
      then { *print* ("届きません.")}
      else { *print* (*SquareRoot* ($L \times L - H \times H$).
        "メートルです.")}
   }
 }

さらに,ハシゴは適切な角度で使う必要がある.$H = 5$ のときに長さ100メー

トルのハシゴを使うのは馬鹿げており，もっと短いハシゴを使うべきである．また，あまり鉛直に近くなると，安定が悪くて倒れる恐れがある（図9.2）．

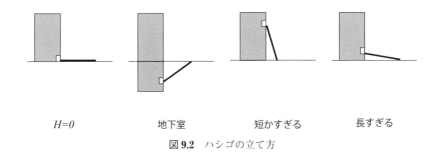

　　　　H=0　　　　　　　地下室　　　　　　短かすぎる　　　　　長すぎる
　　　　　　　　　図 **9.2**　ハシゴの立て方

これらの条件を，仮に $x/2 \leq H \leq 10x$ としよう．以上すべてを考えに入れたプログラムは次のようになろう．

   if $H < 0$
    then {print ("地下室はダメです．")}
   else {if $H < 2$
     then {print ("飛び降りて下さい．")}
    else {if $H > L$
      then { print ("届きません．")}
     else { $x \leftarrow SquareRoot(L \times L - H \times H)$;
       if $H < x/2$
        then { print ("もっと短いハシゴが欲しい．")}
       else { if $H > 10x$
         then { print ("もっと長いハシゴが欲しい．")}
        else { print (x, "メートルです．")}
        }
      }
     }
    }

途中で x に $\sqrt{L^2 - H^2}$ を計算して求め，その値についてさらに吟味していることに注意しよう．

160 第9章 ソフトウェアとプログラム言語

　最終的な実用プログラムは最初の原型プログラムの約10倍になった．これは決して例外的な例ではない．一般的に言って，"原型"を"実用"にするには数倍から数十倍以上のプログラミング労力が必要である．それだけの労力が，プログラムの**信頼性**（**reliability**）を高めるのに必要なのである．

　このように，プログラムを実用の場で使用できるようにしたものは，単なるプログラムではなく**ソフトウェア**（**software**）と呼べるものである．ソフトウェアを"利用技術"などとする誤訳もあるが，ここで示したとおり，ソフトウェアはプログラムを現実世界で充分使用できるものに高めたものである．"売りものになるもの"と言い換えてもよい．プログラム作成者以外の人がお金を出して買った場合，不都合が生じたときに「あー考えてなかった．ゴメンナサイ」では済まされないのである．このハシゴのプログラムも，自走式梯子車制御システムに組み込まれるかもしれない．それでエラーが出れば，人が焼け死ぬかもしれないのである．

9.1.2　ソフトウェアの信頼性

　ソフトウェアの信頼性という概念と関連事項とを示す．

（a）プログラムの部品化

　ソフトウェアにおいて，どの程度の信頼性が要求されるかについて考えよう．まずソフトウェアの規模であるが，簡単なものでもプログラム行数にして数百行程度，通常の規模で数千から数万行程度，大規模なものでは数百万行を超える．これらのソフトウェアは，1行ずつの積み重ねで全部を一度に作成することはせず，50～100行程度の部品プログラムを組み合わせて作る．その理由は人間の能力不足につきる．人間は，一度にはごく狭い範囲のことしか考えられない．10,000行のプログラムの細部に亘るまで常に完全に把握していることは不可能である．また，大きなソフトウェアは必然的に多人数で分担して開発することになるが，そのためにもプログラムの部品化は必須・不可避である．

（b）誤り確率

　簡単のために，部品プログラムの大きさを100行としよう．すると，"部品"の数は，簡単なもので数十個程度，通常は数百個程度，大規模なものでは数万個を超えることになる．次に，個々の部品が"何らかの原因で期待された

ように働かない"確率をpとしよう．原因としては，ハシゴの例で見たような"考え落し"，そもそもやり方に関する"考え違い"，それから単なる"タイプミス"，などがある．人間が関与する限り，誤る確率pは0にはできない．ここで，部品プログラム相互間にはエラーに関する依存関係がないとすると，全体として完全に働く確率は$1 - p$の"部品数"乗となる．pの値と完全稼働確率の例をいくつか示す．

| | 部品数 | | | |
誤り確率	50	500	5000	50000
0.5	ほとんど0	ほとんど0	ほとんど0	ほとんど0
0.1	0.005	ほとんど0	ほとんど0	ほとんど0
0.01	0.605	0.007	ほとんど0	ほとんど0
0.001	0.951	0.606	0.007	ほとんど0
0.0001	0.995	0.951	0.607	0.007
0.00001	ほとんど1	0.995	0.951	0.607
0.000001	ほとんど1	ほとんど1	0.995	0.951

誤り確率が1%であるとき，部品数50のプログラムは3回に1回間違い，部品数500のプログラムは140回に1回しか完全なものはできない．部品数50,000のプログラムは論外である．誤り確率が百万分の1になっても，大規模ソフトウェアが完全ではない確率は20回に1回もある．ちなみに，自動車の部品点数は2〜3万，ジャンボジェット機の部品点数は数百万にもなる．信頼性の確保の難しさという面で見ると，大規模ソフトウェアはこれらの工業製品と肩を並べているのである．

(c) 信頼性の向上

大規模ソフトウェアをなんとかまともに動かすための，個々の部品の誤り確率10万分の1というのは人間わざではない．1, 2, 3, …, 100, …, 1000, …と1秒に1つずつ数えていって，丸1日の間に1回しか間違えてはいけないのである．そのため，"せめて100回に1回ぐらいの間違いしかしない"プログラマの集団で通常のソフトウェアを信頼性よく作るための，さまざまな仕組みが考案されてきている．ソフトウェアテスト技法はその1つで，一応できあがったソフトウェアを（普通は部品レベルから順々に）検査

するやり方が種々実施されている．その場合，そのソフトウェアが置かれる多様な状況を，できうる限り網羅するようにテストを行う．そのために必要な検査用の入力データの集合を選定するための各種の手法も研究されている．しかしテストは，基本的には"可能な限り多数の状況下で期待されたとおりに動くこと"を調べるものであり，誤りの存在は検出できるが，誤りがないことを示すことはできない（図9.3）．

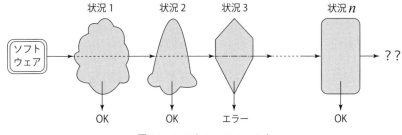

図9.3 ソフトウェアのテスト

テストでは誤りを完全には防げないという前提のもとで，ソフトウェアの作成方法自体をくふうするやり方もある．たとえば，同じソフトウェアを複数のグループで独立に作成し，そのすべてを同時に動かすやり方がある．もちろん，ふつうはすべてが同じ結果を出し，同じ振舞いをするが，どれかに含まれるエラーが発現する状況では異なった振舞いをする．このとき，別々に作成したソフトウェアにまったく同じエラーが同時に混入する確率はきわめて小さいものと考えられるので，たとえば3個のソフトウェアを用意しておけば，その時々で"多数決"をとることによって信頼性を向上することができる（図9.4）．

このやり方は，実際にロケット制御や電車制御，原子炉の運転などで採用されているが，作業量（費用）が何倍にもなること，まったく独立な作成は困難なこと，および人間は同じようなところで間違いを犯しやすいこと，などの問題点がある．

ソフトウェアの信頼性の向上のもう1つの鍵は，部品プログラムの信頼性の向上である．数十行のプログラムであれば，"ある特定の状況下で"という限定つきではあるが，正しいことが証明できることもある．この場合は，

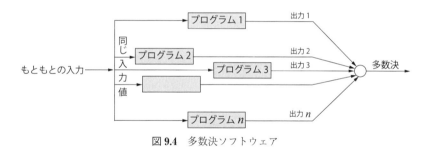

図 9.4 多数決ソフトウェア

その部品の誤り確率が0になるわけである．0の誤り確率は全体の信頼性にまったく影響しない．実際には"機械的"に正当性を証明できる場合は少ないが，証明を意識してプログラムを作ると，誤りが紛れ込む率を非常に小さくすることができる．また現在では証明を支援するためのソフトウェアも開発されてきている．証明については節をあらためて詳しく調べる．

9.1.3 プログラム言語と信頼性

ソフトウェアの信頼性の向上のためには，プログラム作成の実際の手段であるプログラム言語も重要である．プログラム言語に要求される事項のいくつかを示す．ただし，これらは相互に完全に独立であるというわけではない．

(1) プログラム文面が書きやすく，かつ意味が理解しやすいこと
(2) プログラマの不用意な誤りを発見しやすいこと
(3) プログラムの正しさを示しやすいこと
(4) プログラマの意図に近い書き方ができること

(a) プログラムの文書化

プログラムを書いているときには，プログラマは変数の意味や構文の使用方法をきちんと把握している．そうでなければプログラムは書けない．ところが，他人のプログラムや自分が以前書いたプログラムを理解しようとすると困難な場合が多い．プログラムを解析して他人の考え方を理解するのは大変だし，自分が以前考えていたことの細部は忘れてしまうことが多いからである．このために，"実用性"を気にする場合には，そのプログラムを書いているときの意図を記述したものを用意する．これを**プログラムの文書化**（**documentation**）と呼ぶ．文書化は，プログラム本体とは別の説明書の形

164　第9章　ソフトウェアとプログラム言語

にすることも多いが，プログラム文面に書き込んである方がより直接的である．

　プログラミングの意図を完全に記述しておくことは不可能であるが，最低限次のような方策をとっておくのがよい．

　　(1) プログラムの文面自体にプログラムの構造を表現しておくこと．字下げ（インデンテーション）などが代表例である．
　　(2) 注釈を適切につける．とくにそのプログラムの機能や動作環境条件の記述は大切である．

こういったことをプログラマがやりやすいような枠組みを，プログラム言語は提供すべきである．

(b) 構文誤り

　プログラミングにおける不用意な誤りは，まず**構文誤り**（**syntax error**）として表れることが多い．これまでの記法では，if, while, for といった定形語のつづり誤り（it, white, four）や

　　　for k = 1 , , 10　（, , は . . が正しい）

といった記号列の並べ方の誤りがその例である．ここで「少しぐらいの間違いはコンピュータが気をきかせて直してやればよい」という考えが当然出てくる．実際にそのようなくふうが施された言語処理系もある．ところがこのやり方には，

　　(1) 本当に"少し"の間違いかどうかがわからず，少しの"修正"が大改悪につながることもある．
　　(2) 1ヵ所の変更が他に波及効果を及ぼして大量の"にせの誤り"を生成することがある．
　　(3) 気のきかせ方が正しいかどうかをプログラマが確かめるのがかえって大変である

という大きな問題がある．実用上の観点からは，構文エラーを丹念に検出してくれるシステムの方が望まれる．なお，入力時に綴り誤りを指摘したり，部分的綴りを入力すると候補を示すなど，プログラムの入力支援のソフトウェアも多く存在する．

(c) 意味誤り

　プログラム言語の要素には構文と意味とがあった．このうち，プログラム

の中身に関わる意味については，単なる記述の手段であるプログラム言語は，一般的には関与できない．しかしながら，最低限度の意味として，個々の要素をどのようなものとして扱うかという**プログラマの意図**を記述させることはできる．その記述内容からはずれた使用方法は"不注意による誤り"であり，自動的な検出が可能となる．これが（その言語における）**意味誤り**（**semantic error**）である．

プログラム言語に取り入れられている，意図を示す意味規則のおもな例を示す．

(1) 変数や手続きの**名前の宣言**を，その使用とは独立に行う．これらの名前を宣言せずに使用するとエラーとなる．これによって，単なるミスタイプによる綴り誤りは"意図せぬ名前"として検出される．

(2) 個々の変数や手続きが扱う**データの型**を制限する．制限に違反した代入や呼出しはエラーとなる．データ型としては，0と正負の自然数を表す**整数型**（**integer**），有限精度の数を表す**実数型**（**real**），人間に読める文字を表す**文字型**（**character**），真理値（false, true）を表す**論理型**（**Boolean, logical**），いくつかの選択肢を名前で表す**数え上げ型**（**enumeration**），などがある．また，実際に使う型は同じでも，異なる意図で使うときには別の型名をつけることにすると，たとえば同じ実数の値である体重と身長とを加えるような不注意による誤りを防ぐことができる．

(3) プログラムの中の"まとまった部分"を示すのに専用の書き方をする．"開始"の記号があるのに"終了"の記号がないとエラーとなる．例としては，

begin...end, if...then...else...endif, "{ " と " }"，など．

意図を示す意味規則は，使用する変数などの名前とデータ型とが，プログラム本体を細かく見ることなしに確認できるので，プログラムの文書化の面でも重要である．

9.1.4 言語による信頼性の向上

せっかく宣言の機能がありながら，世の中にはものぐさプログラマ向けに"変数や手続きなどを使用したら適当に宣言してくれる"言語もある．宣言

166　第9章　ソフトウェアとプログラム言語

などというおまじないが不要なので一見この方が便利そうに見えるが，プログラムの誤りに対してはきわめて弱くなる．有名な例を挙げよう．

(a) Fortran とロケット制御

　数値計算用の言語である Fortran の初期の版では，原則として変数の宣言は不要であった．また，プログラムの見やすさを考えて，変数名の綴りの中も含めて，任意の場所に空白があってもよかった．たとえば

　　　　SUM　ALL = MARK 1 + MARK 2 + MARK 3

は

　　　　SUMALL = MARK1 + MARK2 + MARK3

と同じであった．イコール（=）は，その右で計算した値を左の変数に代入することを示す．また，Fortran では反復を次のように書く．

　　　　　DO 100　I = 1, 10
　　　　　S = S + A(I)
　　　100 T = T * B(I)

これは，変数 I の値を 1 から 10 まで変更しながら，行番号 100 までの文を反復して実行することを表している．

　さて，アメリカにおいてロケットの制御が突然乱れたことがあった．ロケットはきわめて高価なものでもあり，徹底的な原因調査が行われた．そしてわかった原因は，何と

　　　　たった 1 つのコンマがピリオドに化けていた

ことだったのである．

　上記の反復の 1 行目（DO 文）の中のコンマがピリオドになると

　　　　DO 100　I = 1. 10

となるが，これは構文規則により

　　　　DO100I = 1.10

と見なされ，"DO100I" という変数に値 1.10 が代入されるだけのことになる．変数名の宣言は不要なので，"DO100I" という奇妙な綴りでも正しい変数名と見なされてしまう．また，3 行目の行番号 100 付きの代入文では，それが反復文に関係していることが表されていないので，"対応する DO 文が消滅"してしまっても何ら異常は発見されない．かくして，プログラムミスは発見されないままロケットの制御回路に組み込まれた．また，この部分は例外的

な状況に対処するものであったため，テスト段階で見逃され，最後に起動されてロケットの制御失敗の原因となったのである．

(b) 構文と信頼性

同じ例を"宣言が必要な言語"である Pascal で表してみよう．

> var i : **integer** ;
>> s, t : **real** ;
>> a, b : **array** [1..10] **of real** ;
>> ・・・・・・・・・・・
>>> **for** i : = 1 **to** 10 **do**
>>>> **begin**
>>>>> s : = $s + a [i]$;
>>>>> t : = $t * b [i]$
>>>> **end**

Pascal では空白が区切りとしての意味をもつ．そして，反復の先頭の for が認識された時点で，その後に

> ＜変数名＞ : ＝＜初期値＞ **to** ＜最終値＞ **do**

がこの順に続くことが要請される．どの1つでもこれと違うものがくれば，そこで構文誤りが検出され，報告される．また，変数，初期値，最終値のすべては離散的なデータ型，たとえば整数型であり，そうでなければ意味誤りとなる．さらに，反復される部分は（1つだけの文でない限り）必ず **begin** と **end** とで囲む．このどちらかの語に異常があれば対応関係が崩れるので，これまた誤りとして検出される．わずらわしいようではあるが，何十億円もの物品を失うことを考えれば安全な方がよいことは言うまでもない．Pascal 以降の C や Java といった実用的な言語でもこの方式が採用されてきている．

以上の構文誤り・意味誤りの話で大切なことは，この種の誤り検出がプログラムを実行してみなくても，プログラムの文面の検査だけで可能なことである（図 9.5）．したがって，実行誤りによる被害が大きいプログラム／ソフトウェアであればあるほど，この誤り検出機能，言い換えれば"プログラマの意図を指示させる機能"が重要となる．ゲームのプログラムが突然止まってしまうのと，航空機の飛行制御プログラムが暴走するのとでは，話がまったく異なるのである．

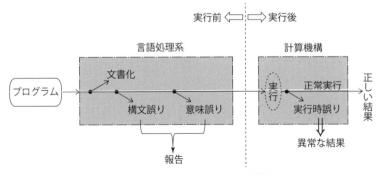

図 9.5　プログラムのエラーと信頼性

9.2　プログラムの形式的な扱い

ソフトウェアを構成するプログラムは多数の部品プログラムの集積であり，その信頼性の確保は，場当たり的な手法では不可能である．ここでは，プログラムが数学的な対象であることに基づく，形式的な扱いについて調べよう．

9.2.1　プログラムの仕様

プログラムの信頼性は部品プログラムの信頼性に依存する．それでは部品プログラムの信頼性とは何だろうか．それは，部品とそれを使う側との"信頼関係"である．使う側は部品が"定められた効果を実現する"ことを期待し，部品側は"きちんとした前提条件下で使用される"ことを要求する．人間社会と同じである．この"効果・条件"を一般に**インタフェース**（**interface**）あるいは**仕様**（**specification**）と言う（図9.6）．仕様の例を示す．

　　　前提条件：非負の個数 (n) のデータ列と既定最大値 m を与える．
　　　　効果：$n > 0$ の場合はデータ列の最大値を返し，$n = 0$ の場合は m を返す．

　　　前提条件：画面中の位置 (x, y) と大きさ (s)，および正の個数 (n) のデータ列を与える．

効果：画面中の点 (x, y) を中心とする半径 s の円の中に，データ列を示す円グラフを表示する．

前提条件：複数の種類の製品を生産するための原材料の量を与える．
効果：総合利益を最大にするための各製品の生産量を求める．

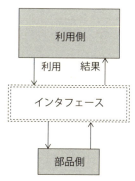

図 9.6 インタフェース

実際のプログラム作成では前提条件の方も大切で，負の数の平方根を計算しようとしてエラーが出たり，円グラフのデータがなくてシステムが異常となったりすることがよくある．実際に，ローマ字の利用者名が想定されているソフトに漢字のデータが入力され，システム全体が異常終了したという例もある．

9.2.2 仕様の形式化

前提条件や効果を記述すること，すなわち仕様記述は，ソフトウェアを信頼性よく作成する鍵である．言うまでもないが，仕様記述はできるだけ厳密に行う必要がある．このときに有用なのが形式化の手法，とくに論理である．例を 2 つ示す．

例 1：2 数の最大値
前提条件：2 数 x と y を与える．
効果：x と y の大きい方 (z) を計算する．

この仕様では"効果"の部分は日常語で書いてある．これを論理の形式で書くと次のようになる．

$((x \geq y)$ かつ $(z = x))$ または $((x < y)$ かつ $(z = y))$

ふつうあまり意識してはいないが，これが"大きい方を z へ"の意味である．この式を満たすようにプログラムを作ればよい．たとえば，"$z = x$"という部分があるので代入"$z \leftarrow x$"が必要であるが，それは条件"$x \geq y$"が真の場合のみである．"$z \leftarrow y$"についても同様である．さらに，2 つの条件

170 第9章 ソフトウェアとプログラム言語

"$x \geq y$" と "$x < y$" とは排反的，つまり常にどちらか一方だけが真であるので，if による選択実行が適用できる．

> **if** $x \geq y$ **then** $\{z \leftarrow x\}$
> **else** $\{z \leftarrow y\}$

例2：データ列の最大値

> 前提条件：データ列 $d_1, d_2, \cdots, d_{i-1}$ の最大値は d_p である
> $(1 \leq p \leq i - 1)$
> 効果：データ列 $d_1, d_2, \cdots, d_{i-1}, d_i$ の最大値は d_q である
> $(1 \leq q \leq i)$

論理の形式で書いてみよう．

> 前提条件：$(d_p \geq d_1)$ かつ $(d_p \geq d_2)$ かつ…かつ $(d_p \geq d_{i-1})$
> かつ $((p = 1)$ または $(p = 2)$ または…または $(p = i - 1))$
> 効果：$(d_q \geq d_1)$ かつ $(d_q \geq d_2)$ かつ…かつ $(d_q \geq d_{i-1})$ かつ $(d_q \geq d_i)$
> かつ $((q = 1)$ または $(q = 2)$ または…または $(q = i))$

今度も "$q = 1$" などがあるので q への代入が必要である．しかしながら，前提条件により "$q = p$" とすれば，"効果の式" は最後から2番目の項を除いて成立してしまう．式を変形すると

> $((d_p \geq d_1)$ かつ $(q = p))$ または $((d_p < d_1)$ かつ $(q = i))$

となる．これは前の例と同じである．

> **if** $d_p < d_i$ **then** $\{q \leftarrow i\}$
> **else** $\{q \leftarrow p\}$

　以上2例のように，前提条件と効果とが充分に形式表現されていれば，効果を実現するプログラミング片をほぼ機械的に導出することができる．これをプログラムの**自動合成**（**program synthesis**）と呼ぶ．自動合成は信頼性確保の究極の手段であるが，汎用目的のものはまだまだごく初歩的なものしか実現できていない．その一因は形式的仕様記述自体の困難さにある．前提条件と効果とを厳密に書くと，"ほとんどプログラムそのものを書く" ようなことになるからである．ただし，定型的な処理パターンがほとんどの分野（たとえば事務処理や画面処理など）では，自動合成がかなりのレベルまで

9.2 プログラムの形式的な扱い   171

実現され，実用化されている．また，いろいろな条件などを指定しやすくするための支援ソフトウェアも開発されてきている．

9.2.3 再帰と反復

実行を制御するための主な要素である再帰計算と反復計算との関係について考えよう．データ列の最大値の計算（6.5.2項，図6.4）を再び取り上げる．これは全体としては反復計算であるが，

データ列 $d_1, d_2, \cdots, d_{i-1}$ の最大値の位置が p であるときに，

データ列 $d_1, d_2, \cdots, d_{i-1}, d_i$ の最大値の位置 q を求める

というステップを繰り返している．この1ステップを関数の形式を使って

$q = select\,(i, p)$

と表すことにしよう．すると，ここでのパラメタ p の値は，1段階前，すなわち $d_1, d_2, \cdots, d_{i-2}$ の最大値の位置 p' を用いて

$p = select\,(i - 1, p')$

と表される．つまり上述の q は

$q = select\,(i, select\,(i - 1, p'))$

と表すことができる．この"第2引数の展開"を続けてゆくと

$q = select\,(i,$

$\qquad select\,(i - 1,$

$\qquad\quad select\,(i - 2,$

$\qquad\qquad \vdots$

$\qquad\quad select\,(3,$

$\qquad\quad\; select\,(2, 1))\cdots)))$

と書くことができる．ここで最後の"1"は（長さ1の）データ列 $\{d_1\}$ の最大値が d_1 であることを示している．

この多重になっている式は，関数 $select$ の第2引数を内側から（ここでの表記では下から）順に求めることでも計算できる．

$p \leftarrow 1;$

$p \leftarrow select\,(2, p);$

$p \leftarrow select\,(3, p);$

$\qquad \vdots$

172　第9章　ソフトウェアとプログラム言語

$p \leftarrow select\,(i - 1, p)$;

$p \leftarrow select\,(i, p)$

これは反復実行の形となっているので，for によって表すことができる．

$p \leftarrow 1$;

for　$k = 2..i \; \{\, p \leftarrow select\,(k, p)\, \}$

　一般に反復実行は，ある1つの手続きを再帰的に適用するのと等価である．たとえば

for　$i = a..b \,\{\, action\,(i)\, \}$

における実行の本体 $action\,(i)$ を，"それまでの反復で得られた値"をパラメタとし"次の値"を結果とする関数 $action'\,(i, v)$ と考えると，この反復実行は

$action'\,(b, action'\,(b-1, action'\,(b-2, ..., action'\,(a+1, action'\,(a, 初))$
$... \,)))$

と書ける．

　適用例をあげよう．正の整数 n の階乗（factorial）は

$n! = 1 \times 2 \times 3 \times \cdots \times (n - 1) \times n$

と定義されるが，再帰の形は，

$$n! = \begin{cases} n = 1\,なら\,1 \\ n \geq 2\,なら\,(n - 1)! \times n \end{cases}$$

である．これは上記の $action'\,(i, v) = v \times i, a = 1, b = n$ としたものであり，反復実行

$v \leftarrow 1$

for　$i = 1..n \,\{v \leftarrow v \times i\}$

によって計算することができる．

9.2.4　ループ不変量

　ここで例として使った関数 $select\,(i, p)$ は

データ列 $d_1, d_2, \cdots, d_{i-1}$ の最大値の位置が p である

という前提条件を仮定している．これを反復実行に組み込む場合には，これは

反復の各実行の直前では上記の条件が成立している

ことを要求していることになる．たとえば階乗計算のプログラムでは，for
の各繰返し直前において

$v = i!$

が常に成立している．このように，繰返し実行の各回の冒頭で常に成立している条件を**ループ不変量**（**loop invariant**）と呼ぶ．ループ不変量の考え方が有効な，少し毛色の変わった問題について見てみよう．

大きな袋の中に赤い玉が r 個，白い玉 w が個入っている．任意の2個を取り出して，
(1) 異色なら白玉1個を袋に加え，取り出した2個は捨てる
(2) 同色なら赤玉1個を袋に加え，取り出した2個は捨てる
という操作を繰り返す（図9.7）．最後に1個残る玉の色を r と w で表せ．

これは，ループ不変量を用いて問題の性質を明らかにする例題である．

このプログラムの解析には状態遷移の考え方を使うこともできる．1回の操作で玉の数がどう変化するかを調べてみる．

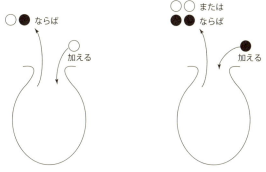

図9.7 赤玉白玉問題

場合1（赤赤）　r は2減って1増える　→ r は1減少
　　　　　　　w は一切変化なし　　→ w は不変
場合2（赤白）　r は1減るだけ　　　→ r は1減少
　　　　　　　w は1減って1増える　→ w は不変
場合3（白白）　r は1増える　　　　→ r は1増加
　　　　　　　w は2減る　　　　　→ w は2減少

結局状態 (r, w) からは状態 $(r-1, w)$ か状態 $(r+1, w-2)$ へ遷

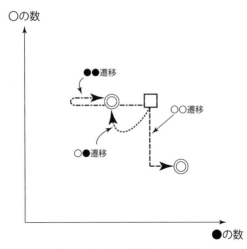

図 9.8 赤玉白玉問題状態遷移図

移する（図9.8）．この様子を2次元格子点で表して"矢印"を多数描くと解が見えてくる．

しかし，もっとよい方法はループ不変量を探すことである．まず気がつくことは，いずれの場合でも $r + w$ は1減少することである．これで，この反復実行が必ず終了することが証明できる．

次に，r は1ずつ増えたり減ったりするが，w は変わらないか2減ることがわかる．すなわち，w の奇偶性（parity）がこの変化で保存される．言い換えると，w の奇偶性はこの反復実行におけるループ不変量である．たとえば最初に $w = 5$ であれば，操作の過程で5→3→1と変わってゆき，白玉が残る．これさえわかれば，答は簡単である．

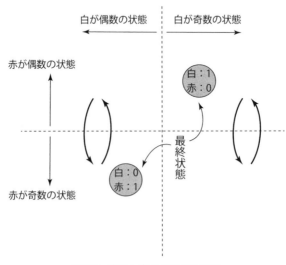

図 9.9 赤玉と白玉の奇遇性遷移

“w の初期値が偶数であれば赤玉が残り，奇数なら白玉が残る．”
全体状況を図 9.9 に示す．

　プログラムにおいて，反復実行の部分を構成する場合には，このループ不変量の考え方が絶対的に重要である．不変量を保存するように内容を記述すると，プログラムの信頼性は飛躍的に向上する．プログラムの注釈としてもこの不変量を書いておくのがよい．また，ループ不変量は繰返し実行を関数で表現した場合の，関数自体の仕様とみなすことができる．

9.3　プログラム言語

9.3.1　プログラミングと言語

　プログラム言語の基礎となっている計算モデルには，純数学的で計算効率を度外視したものや実際のコンピュータに近いものなどがあるが，いずれも“アルゴリズムを作る人のことを第 1 に考えている”ものではない．しかし現実には，アルゴリズムを構成するのは人間であり，より複雑な問題の解をより信頼性高く構成する必要があるので，計算モデルおよびプログラム言語も“人間向き”のものが要求される．ここで人間向きというのは，プログラマの意図を表現しやすいという意味であって，“曖昧なものを適当に解釈してくれる”ということではないことに注意しよう．

9.3.2　プログラム言語の発展

　プログラム言語の水準の移り変わりの概略を見る．

（a）アセンブラ語

　初期のコンピュータでは，**アセンブラ語**と呼ばれる，ハードウェアを直接に指定する記述（機械語）に対応した言語が用いられた．そこでは，すべての演算や判断は**累算器**（**ACC**）と呼ばれる特定の場所で行われていた．そしてプログラムは，累算器へ／からの値の移動，累算器での四則演算，累算器の値による制御の変更，などからなっていた．たとえば次のような感じである．

176 第9章 ソフトウェアとプログラム言語

プログラム1 ("命令"の部分のみがプログラム)

命令	意味	ACC	S	I					
set 0	$ACC \leftarrow 0$	0	?	?					
store S	$S \leftarrow ACC$	0	0	?		値の推移を示す.			
set 10	$ACC \leftarrow 10$	10	0	?		上から下，左から右			
store I	$I \leftarrow ACC$	10	0	10					
A: if zero B	$ACC = 0$ ならBへ飛ぶ	10	0	10	9	10	9	8	19	8
add S	$ACC \leftarrow ACC + S$	10	0	10	19	10	9	27	19	8
store S	$S \leftarrow ACC$	10	10	10	19	19	9	27	27	8
load I	$ACC \leftarrow I$	10	10	10	9	19	9	8	27	8
decrement	$ACC \leftarrow ACC - 1$	9	10	10	8	19	9	7	27	8
store I	$I \leftarrow ACC$	9	10	9	8	19	8	7	27	7
jump A	次はAへ戻る	9	10	9	8	19	8	7	27	7
B: load S	$ACC \leftarrow S$								
print	ACC の内容を印刷				I が0になるまで繰り返す.				
stop	停止								
S: data	データ領域								
I: data	データ領域								

```
PRGAVRG START
        RPUSH
        LAD  GR5,DATA
        LD   GR1,0,GR5
        LD   GR2,1,GR5
        LD   GR3,2,GR5
        LD   GR4,3,GR5
        ADDA GR1,GR2
        ADDA GR1,GR3
        ADDA GR1,GR4
        SRL  GR1,2
        ST   GR1,GR7
        RPOP
        RET
DATA    DC   30, 54, 6, 10
        END
```

アセンブラのリスティング

プログラム自体も記憶装置に格納されており，順番に1命令ずつ読み出されて実行される．しかし，ときどき条件判定の命令があって，読出しの順番が変わる．

アセンブラ語で書かれたプログラムを，実際にプログラムを実行する機械語の命令列へ変換するプログラムをアセンブラ（**assembler**）と呼ぶ．

(b) コンバイラ言話

このアセンブラプログラム

は，一見しても何をやっているのかがわからない"非人間的"なものである．
「実は1〜10の総和を計算している」このプログラムが非人間的であるのは，
問題解決にとっては不必要な多くの事項を心ならずも書かされているからで
ある．累算器の概念などは余計なもので，問題解決にとくに必要ではない．
たとえば"ACC ← 0; S ← ACC"という2つの命令は"S ← 0"と書ける方
がよい．

プログラム 2

   $S \leftarrow 0$; $I \leftarrow 10$;
  A: if $I = 0$ jump B ;
   $S \leftarrow S + I$; $I \leftarrow I - 1$; jump A ;
  B: print(S) ; stop ;
  S, I: data

この形式のプログラムを機械語に変換するには，消した累算器を復活させ
なければならないのでかなり手間がかかる．このレベルの言語をコンパイラ
言語，機械語への変換プログラムを**コンパイラ（compiler）**と呼ぶ．ロケッ
ト制御の例で出たFortranはこのレベルの言語である．

コンパイラ言語の登場（1960年前後）によって，プログラミングは実際
の機械による束縛から解放された．たとえば，累算器の数はコンピュータの
機種によってさまざまであり，1個，2個，16個，あるいは"ない"ものさ
えあった．アセンブラでは，これらにそれぞれ対応する書き方が必要であり，
内部構成が異なる他のコンピュータ用のプログラムはまた新たに作る必要が
あった．ところがコンパイラ語では，そのような内部構成を知らなくてもプ
ログラムが書ける．それと同時に，同じ文面のプログラムをいろいろなコン
ピュータで実行することが可能になった（図9.10）．このような性質を**移植
性（portability）**と言い，プログラムの生産性の向上に大いに寄与するこ
ととなった．

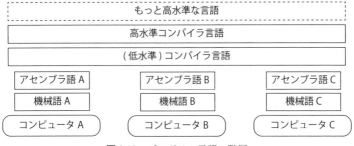

図 9.10 プログラム言語の階層

(c) さらなる高水準化

　Fortran レベルの言語は各種開発され，現在でも使われている．しかしアルゴリズム記述言語としては，まだまだレベルは低い．総和の例のプログラム 2 も，"プログラマの意図"を素直に表現しているとは言い難い．たとえば，2 個の jump 命令は，明らかに反復実行を構成するためのものであり，それ自体がプログラムの意図ではない．そこで，反復実行という意図そのものを表す記法が導入された．

プログラム 3
　　$S \leftarrow 0; \ I \leftarrow 10;$
　　while $I \neq 0 \ \{ S \leftarrow S + I; \ I \leftarrow I - 1 \};$
　　$print(S);$

この例では，反復は $I = 10, 9, 8, ..., 2, 1$ について行っている．この形式は非常によく使われるので，反復実行専用の記法が作られた．

プログラム 4
　　$S \leftarrow 0;$
　　for $I = 10..1 \ \{ S \leftarrow S + I \};$
　　$print(S);$

Fortran の DO 文も同種の記法である．さらに，変数 S や I の使用すら"意

図”とは無関係なものなので，これも取り除こう．

プログラム 5

$print(setsum(\{1..10\}))$

ここで {1..10} は 1 〜 10 の整数値の集合を表し，関数 $setsum$ は与えられた
数値集合の要素の総和を計算するものとする．

　プログラム 1 とプログラム 5 とを比べてみよう．記述量が激減しているこ
とはともかく，“プログラマの意図”への近さでは比べものにならないほど
プログラム 5 が勝っていることがわかる．もちろん，プログラム 5 のような
高水準言語で書かれたものを実際にコンピュータで実行するには，プログラ
ム 1 のようなアセンブラ語または機械語へ変換してやる必要がある．この変
換は，ごく初期には人間が行う必要があったが，すぐにコンパイラと呼ばれ
る自動変換プログラムが開発された．この部分において，人間は“機械的な
労働から解放された”ことになる．

9.3.3　言語の特殊化と汎用化

　プログラム 5 において，関数 $setsum$ は総和を求めるためのものであるが，
たとえばプログラム 4 が階乗の計算プログラムであったとすると，別の関数
（たとえば）$setmult$ を用意する必要がある．

$print(setmult(\{1..10\}))$

このような関数（$setsum$, $setmult$）は，プログラマの意図をより直接に表現
できるように導入されたものではあるが，総和も階乗計算も意図しない場合
には無用のものとなる．このために，およそプログラミングで出現する可能
性のある，ありとあらゆる意図を，あらかじめ用意しておこうとするやり方
もある．しかしながらこの方法では，所詮プログラミングというきわめて多
様な活動をカバーすることはできない．かえって“星の数ほどもある機能”
の中から目的のものを選び出すことをほとんど不可能にしてしまう．

　プログラム言語の高水準化の現実的な方法の 1 つは，プログラマ自身によ
る高度化を可能としておくことである．具体的には，リストや集合などを始
めとするデータの構造化手法や，複雑なデータを受け渡しできる手続きや関

180　第9章　ソフトウェアとプログラム言語

数の構成手法を，言語として提供する．たとえば *setsum* や *setmult* などを
あらかじめ用意するのではなく，集合をパラメタとし結果を返すような関数
をプログラマが自分で定義できるようにしておくのである．近代的なプログ
ラム言語の設計は，このような"機能拡張"の手段を豊富に，しかも言語自
体の肥大化を伴わない形で提供することがその眼目となっている．

9.4　宣言的言語

　言語の高水準化について，以上の話とはまったく別の有力な方法として，
計算の仕組みそのものの高度化がある．その1つが宣言的記述である．

9.4.1　等式言語
　汎用的・高水準な言語の一例として，**等式言語**（**equation language**）を
見てみよう．等式言語では，関係式の集まりを処理して答を（可能なら）提
示する．

$$X = 20 \, ; print \, (X)$$

この"プログラム"を走らせると，答として"20"が出力される．ちっとも
面白くない．次の例を見よう．

$$X + 4 = 20 \, ; print \, (X)$$

出力される答は"16"である．ここで，プログラマが移項や減算を指示して
いないことに注意しよう．すなわち，等号（＝）は本来の意味の等号であり，
Fortran や C，Java などにおける代入を表しているわけではない．

$$4 + 2 \times X = 20 \, ; print \, (X)$$

出力される答は"8"である．再び，プログラマが減算と除算を指示しては
いない．

$$4 + 2 \times X = 3 \times X; print \, (X)$$

"4"が出力される．

　要するに，等式言語ではプログラマは問題を提示するだけで，解き方を考
えて実際に計算をするのは言語処理系の役目となっている．解けない場合や
解が定まらない場合は，それなりの応答をする．連立1次方程式や2次方程
式，単純な組合せ問題などは，処理系がその解き方を"知識"としてもって

いる．

$X^2 - X - 2 = 0 ; print\,(X)$

"−1，2"が出力される．

古典的な鶴亀算を例にとろう．

鶴と亀が合わせて 10 匹いる．足の数は合わせて 28 本である．それぞれの数はいくらか．

それぞれの 1 匹あたりの足の数は教えてやる必要がある．

鶴＋亀＝ 10；2×鶴＋4×亀＝ 28；

$print$(鶴，亀)

この"プログラム"の第 1 行目はほとんど問題文そのものである．このように，"どのようにして解を計算するか"ではなく，"解が満たすべき条件"を記述することによって，結局は解が求められる種類の言語を**宣言的（declarative）プログラム言語**と呼ぶ．等式言語は宣言的プログラム言語の 1 つである．

これに対して，Fortran や Pascal，C，Java のような，解の計算方法を明示的に与えてやる言語を**手続き的（procedural）プログラム言語**と呼ぶ．一般的には，宣言的な言語の方が問題そのものをよりすなおに表現することができる．すなわち，より"プログラマの意図に近い記述"が可能である（図 9.11）．

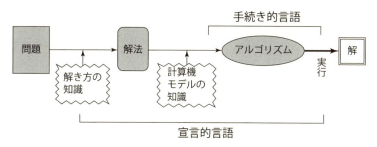

図 **9.11** 宣言的言語と手続き的言語

等式言語の"関係式"は，より一般的なものに拡張できる．次の例は，整

182 第9章 ソフトウェアとプログラム言語

列を行うプログラムである.

X, Y:*list of integer*,

permutation(Y, X);

for $i = 1..(length\_of(X) - 1)$ $Y_i \leq Y_{i+1}$;

input(X); *print*(Y)

条件 *permutation*(Y, X) は,リスト(数の並び)Y がリスト X の要素を単に並べ替えたものであることを示す.*for* の行で,リスト Y が整列条件を満たすことを指定している.この2条件を満たすように(X を Y に)並べ替えるやり方は「この等式言語」が知識としてもっていることになる.

9.4.2 宣言的記述と推論

宣言的言語のアプローチは大変強力なものである.その1つが,制限された形による自動推論である.**推論(inference)** では,与えられた"事実"と"推論知識"とによって問題を解析してゆく.以下に例を示す.

番号	意　味	言語による表現
事実1	ポチ・タロ・ジロは犬である.	*dog*(ポチ). *dog*(タロ). *dog*(ジロ).
事実2	ミケ・タマは猫である.	*cat*(ミケ). *cat*(タマ).
知識1	犬はワンと鳴く.	*wan*(X) ← *dog*(X).
知識2	猫はミャアと鳴く.	*myaa*(Y) ← *cat*(Y).
知識3	犬は猫に怒る.	*angry*(P, Q) ← *dog*(P) & *cat*(Q).
知識4	誰もがポチに怒る.	*angry*$(W$, ポチ$)$.
質問1	タロはワンと鳴くか?	?*wan*(タロ).
質問2	ジロはミャアと鳴くか?	?*myaa*(ジロ).
質問3	タロはミケに怒るか?	?*angry*(タロ, ミケ).
質問4	ポチはジロに怒るか?	?*angry*(ポチ, ジロ).
質問5	ジロが怒る相手は?	?*angry*(ジロ, Z) & *print* (Z).

言語による知識の表現は少しまわりくどいが,これは"犬"や"猫"が"ポチ"や"タマ"よりも一段抽象度の高い概念だからである.世の中には"犬"が歩いているわけではなく,"ポチ"や"タロ"が歩いているのである.そのために,「犬はワンと鳴く」と言う代わりに「あるものが犬であれば,そ

9.4 宣言的言語　183

れはワンと鳴く」と表しておく．知識3は2つの条件の“積”となる．知識
4は知識3に対する追加である．

　質問1「タロはワンと鳴くか？」を与えてみよう．?*wan*(タロ)．という形
から，システムは *wan*(..) を左辺にもつ事実あるいは知識を探し，知識1が
見つかる．知識1では一般的な形

$$wan(X) \Leftarrow dog(X)$$

をしているが，質問の内容からこの変数 X には“タロ”が**結合**（**bind**）さ
れる．すなわち知識1から

$$wan(タロ) \Leftarrow dog(タロ)$$

が機械的に導かれる．この式は

　　“タロが犬であればタロはワンと鳴く”

という意味である．そこで今度は「タロは犬か？」が次の質問となる．言語
表現では ?*dog*(タロ)．である．これは事実1の中で見つかる．すなわち，「タ
ロは犬だ」が判明した．したがって「タロはワンと鳴く」ことが求められた．
最終的な答は“はい”となる．

　質問2「ジロはミャアと鳴くか？」を同じように処理すると，1段次の質
問として「ジロは猫か？」が得られる．言語表現では ?*cat*(ジロ)．である．
この事実はどこにも見つからない．“見つからないものは成立しない”こと
にすると，もともとの質問の答は“いいえ”すなわち「ジロはミャアとは鳴
かない」となる．質問3と質問4も同じように処理され，それぞれ“はい”
と“いいえ”が得られる．

　質問5は少し様子が異なる．*print*(Z) の部分は後回しにしておいて，いま
までと同様に処理すると，知識3により

$$angry(ジロ, Z) \Leftarrow dog(ジロ) \ \& \ cat(Z)$$

となり，次の質問が「ジロは犬か？」と「Z は猫か？」となる．前者の答は
明らかに“はい”である．後者については，とりあえず Z がミケであれば“は
い”となる．これで *angry* の部分が OK となったので，出力命令 *print*(Z) の
Z がミケに結合され，“Z ＝ミケ”が出力される．ところが，「Z は猫か？」
に対しては“タマ”でもいいので，さらに Z がタマに結合されたもの，“Z
＝タマ”も出力される．知識4については，

angry(ジロ, *Z*) と
angry(*W*, ポチ)

とを比べると，"*W* = ジロ"，"*Z* = ポチ"と結合すれば成立する．したがって，質問5の処理結果をまとめると

"*Z* = ミケ"，"*Z* = タマ"，"*Z* = ポチ"

となる．

　以上示した処理の動きは，実際の宣言的言語Prologなどで実現されている．Prologでプログラムを書くときには，問題領域の事実や知識を充分に蓄えておいたうえで，ここで見たような"質問"をすればよい．数値計算や組合せ計算，それに事務処理などの分野で，それぞれの知識を利用した活用が現実に広く行われている．その場合の"質問"は宣言的に行えばよく，"プログラマの意図に近い"形でのプログラム作りが可能となっている（図9.12）．

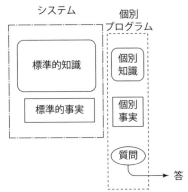

知識と事実は合併され
その上で質問への答が返される

図 **9.12**　宣言的言語の世界

　なお，「ジロはミャアとは鳴かない」を導くときに使った"見つからないものは成立しないものとする"という仮定は，閉世界仮説（**closed world assumption**）と呼ばれる．この仮説にのみ従うことにすると，正しく推論

9.4 宣言的言語　185

するためにはありとあらゆる"事実"および"成立条件"を前もって用意する必要がある．これはきわめて厳しい条件であり，実際われわれが日々行っている推論にはこの仮説はあてはまらない．そこで，この仮説の条件を緩めた形での推論の方式についても，さまざまな研究が進められている．

問題

9.1 同じ処理を複数，並行的に行うことによって信頼性を高めている例を示せ．

9.2 次のプログラムが出力する値を推測し，次にそれをループ不変量を使って証明せよ．

$x \leftarrow 0;\ y \leftarrow 1,\ z \leftarrow 0;$

while $x < n \{ y \leftarrow y + x \times 6;\ z \leftarrow z + y;\ x \leftarrow x + 1 \}$

print(z)

9.3 次のプログラムは 2 から 10000 の間の素数を出力するという．使用されている記法の意味を推測し，通常のプログラム言語と比較してみよ．

$A \leftarrow \{2..10000\}$

while $A \neq \{\ \}$ {

　　$p \leftarrow minimum \{A\};\ print(p);$

　　$A \leftarrow A - p \times A$

　}

考え事項

9.1 3つの値 $x,\ y,\ z$ の"中央の値"を w に求めたい．

（1）前提条件と効果とを論理の形式で書け．

（2）効果の式に基づいてプログラムを導出してみよ．

9.2 赤玉白玉問題を"多数の矢印方式"で解いてみよう．

第10章 情報システムとコンピューティング

これまで，情報処理システムの基本となるコンピューティングの原理と各種の手法の基礎を示した．本章では，これらの手法に基づいて構築される実際の情報処理システムと，それを基盤とする現実の情報社会の様子の一端を見てみよう．

10.1 情報システムの諸要素

10.1.1 データベース

世の中の現実的な情報処理では，扱うデータの量が膨大なものになる．インターネットの発展によってその傾向は急速に増してきている．ここで簡単な例として，列車の運行に関する問合せシステム，たとえば乗換案内のようなものを考えてみよう．

手近な時刻表冊子では，1ページに列車15本，40駅ぐらいのデータがあり，全体は1,000ページぐらいである．つまり全体で600,000ぐらいの時刻データが収められている．乗換案内をするには，この中で指定された駅の指定された時刻に対応するデータを探し，目的とする駅へのルートを探し，乗り換える駅を決定し，という処理を繰り返すとともに，各乗換駅ごとに乗り換え先の列車を求め，次の乗換駅への到着時刻を求め，という処理を反復する必要がある．

このような処理は，第6章で示した探索を基本として組み立てられるが「探す」内容ははるかに複雑である．ここで，このような複雑な処理を行うためのデータの組織化方法について考えてみよう．

普通の時刻表は図10.1に示すように，横に列車が並び縦に駅が並んでいる．指定の列車に沿って縦にたどると，その列車がいろいろな駅を通過してゆく時刻がわかる．これを列車時刻表と呼ぼう．これに対して特定の駅を選んで横にたどると，その駅に着目したいろいろな列車の発車時刻がわかる．これを駅時刻表と呼ぶ．もとの時刻表は全時刻表と呼んでおこう．

第10章 情報システムとコンピューティング

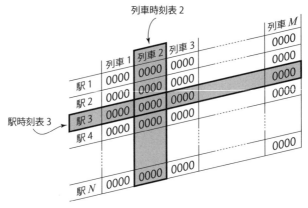

図 10.1 2種の時刻表

駅時刻表

列車時刻表および駅時刻表と全時刻表との関係について考えよう．列車時刻表をすべての列車について集めると全時刻表と同じデータが得られる．駅時刻表についても同様である．言い換えると，列車時刻表と駅時刻表は，全時刻表を用途に応じて別の角度から見たものなのである．この「角度」のことをビューと呼んでいる．

もとのデータベースに対して，ある1つのビューを設定して使用しているときに，別のビューが必要になったものとしよう．特定のビューから別のビューへの変更は，データ量の増大に伴って難しくなり，実用規模のデータベースでは禁止的になる．駅時刻表全体を処理して列車時刻表に組み直す処理を考えてみればよい．この事情に対処するために，もとのデータ全体を基本的なデータに分解しておき，必要なビューに組み直す方法が開発された．この方法ではデータとデータとの間の関係を手掛りとするので，このやり方を**関係データベース**（**relational database**）と呼ぶ．時刻表の例で説明する．

時刻表の例での基本的データは，ある列車（r）がある時刻（t）にある駅（s）にいるという（r, s, t）の3つ組である．この3つ組全体の中から，特定の$s(= s_0)$をもつデータを集め，tの値で整列すると，駅s_0での駅時刻表が得られる．これとは別に，特定の$r(= r_0)$をもつデータを集めtの値で整列すると，列車r_0の列車時刻表が得られる（図10.2）．このようにしておけば，乗換案内は，列車時刻表と駅時刻表とを交互に作成してゆく処理として実現することができる．

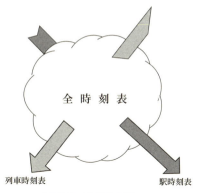

図 10.2　時刻表のビュー

10.1.2　さまざまなメディア——音声と画像

われわれは0と1で代表されるデジタルデータの世界に生きているわけではない．さまざまな現実的物理刺激を受け取り，自分の身体で反応しながら生活している．この現実世界とデジタルデータの間をつなぐのがモデル化の考え方であった．したがって，コンピューティングの発展の成果を現実世界に適用するためには，物理世界のモデル化が必要である（図10.3）．

音と画像は人間が外界から受け取る重要な刺激であり，生物としての生存の必要性から，これらの受容感覚である聴覚と視覚が発達したと考えられている．

聴覚は耳の内側にある蝸牛管という器官で実現されているが，エジソンは空気振動の圧力変化の形をロウ管上の"うねうね"として記録した．つまり音の強さの時間変化を場所ごとの振

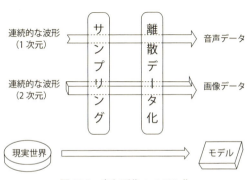

図 10.3　音と画像のモデル化

190 第 10 章 情報システムとコンピューティング

れの変化に変換したのである．これが音のモデル化の第 1 段階であった．その後この振れは磁化の強さ（磁気テープ）や 2 進データ化された穴の大きさ（コンパクトディスク）などで表されるようになった．

音の波形を一定時間ごとに測定することをサンプリング（sampling）と呼ぶ．この時間間隔と測定の精度がモデル化のパラメタとなる．たとえば通常の音楽用には，サンプリングを毎秒 44,000 回行い，16 ビット（65,536 段階）から 20 ビット（約 100 万段階）の精度で測定している．音楽などの実用の場面では mp3 に代表されるさまざまなデータ圧縮の技法が使われている．

人間の視覚は網膜に多数存在する視細胞によって実現されている．視細胞には，明暗だけに反応する約 1 億 2,000 万個の桿体細胞と，色感度の異なる 3 種類の錐体細胞が約 650 万個ある．これらの細胞からの活動信号が何段階かの前処理を経て脳に送られる．コンピュータ処理における画像のモデル化は，ほとんどの場合矩形領域を縦横に細分化し，個々の領域の明るさと色とを用いる．この場合の，一定間隔ごとに色データを測定することもサンプリングと呼ぶ．たとえば 1,000 万画素のデジタルカメラでは，画面を縦横数千に分割して扱っている．各画素の値としては，カラーテレビでも用いられている RGB（赤，緑，青）の 3 原色を利用する．各原色の輝度レベルを 256 段階とすれば，1 点あたり 8 × 3 ビットのデータ量となり，1,000 万画素では約 240 メガビット，つまり 30 メガバイト程度となる．またデータ量を圧縮するための jpeg などの技法が使用される．

10.1.3 数値の計算

コンピュータは，もともとは数値の計算を自動化・高速化するために発明された．したがって，自然界の数値によるモデル化が最初の段階である．この計算，つまり数値計算はコンピュータの発明よりずっと前から取り扱われており，数々の計算手法や誤差に関する研究が続けられてきていた．コンピュータの登場によって数値計算の世界は急速に拡大したのである．

伝統的な数値計算の手法の例をあげておく．

(a) 連立 1 次方程式

いくつかの未知数の定数倍の和が与えられている場合に，各未知数の値を求める問題．行列の扱いに帰着され，直接に解いてゆく方法と反復計算で精

度を高めてゆく方法とが代表的解法である.

（b）行列の固有値

いくつかの未知数の並び（ベクトル）を一斉に変換する作用素（行列）を考える．ベクトルのうち，与えられた行列で変換されてもそれ自身の定数倍にしかならないものを，その行列の固有ベクトル，定数倍の値を固有値と言う．固有ベクトルと固有値は，もとの行列の性質を集約した値であり，物理学等で多用される.

（c）近似多項式

きちんとした式で表現できない関数に対して，充分な精度でその関数値を近似する多項式を求める．多項式の計算量はそれほど大きくないので，関数の近似値を高速に求めることができる.

（d）微分方程式

ある関数の振舞いが時々刻々の関数値やその変化によって表されるときに，その関数自体を求める問題．重力による物体群の運動や気象データの時間変化の予測など，実際に重要な問題が多数ある．高い演算能力をもつスーパーコンピュータなどが使用されることが多い.

10.2 情報ネットワーク

10.2.1 通信

本来，情報は伝えられてその価値をもてるものなので，伝達する仕組みが必要である．古来より一般的な仕組みであった伝令では，メッセージそのものを人間が運んだ．また，煙を上げる狼煙では，送受信者間であらかじめ決めておいたやり方に従って情報を伝えた．この"決めておいたやり方"のことを通信のプロトコル（**protocol**）と呼ぶ．この後通信路は電気となり電流がやりとりされ，更には電波通信が実用化された．電波による通信では送受信者間に電線を設置する必要がないので，自由な場所での受信が可能となり，テレビやラジオという多人数が一斉に受信する形態も実現された.

電線による電気通信では，距離による信号の減衰や周りの雑音の影響などから，あまり長距離の伝送は困難である．これに対して，光ファイバーを使用する光通信は雑音に強く長距離伝送にも向いていることから，20世紀後

半から普及し始め，現在では長距離・大容量通信の主役を担うようになっている．

10.2.2 コンピュータネットワーク

コンピュータにおける外界との出入り口は，データを外から読み込む入力装置と，外へ書き出す出力装置である．ここで，2台のコンピュータ間でデータをやり取りする方法として，双方の出力と入力を接続することが考えられる．これを拡張して，1台のコンピュータを複数台のコンピュータと接続することを繰り返すと，コンピュータ群が網状に構成される．これを**コンピュータネットワーク**（**computer network**）と呼ぶ．

コンピュータネットワークでは，それを構成するすべてのコンピュータが他のすべてのコンピュータと接続されるとは限らない．この場合，直接に接続していない2台のコンピュータ間でメッセージのやり取りを行うには，他のコンピュータに中継を依頼する必要がある．実際，ごく初期の電子メールのアドレスは，宛先のコンピュータ名の前に，すべての中継コンピュータの名前をつなげたものであった（図10.4）．

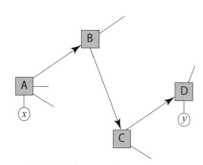

送出：x→A！B！C！D!y

図 10.4 初期の電子メールとコンピュータネットワーク

10.2.3 インターネット

(a) コンピュータのアドレス

初期の電子メールにおける不便さは，通信相手にたどり着くまでのネットワーク経路を全部知る必要があったことである．これを改善する第一歩は，それぞれのコンピュータに住所に相当する番号を割り当てることから始まった．もちろん全世界的に任意の番号を割り当てるのでは管理が不可能なので，大きな組織には大括りの番号を与え，その組織内ではその範囲を小さく分割して運用する．このようにしておけば，番号割当ての管理を順に小さな組織

に委譲することができる．この方式の"番号"は**IP アドレス**（**IP address**）と呼ばれ，広く使われてきた IPv4 という方式では 32 ビットを使用する．実際には 256 ごとに括った 4 個の 10 進数で表す．たとえば区切りにピリオドを用いて"130.27.213.162"というように表す．

実際に IP アドレスを使った通信を行うようになると，相手先を調べて行き先を求める作業を専用のコンピュータで行うようになった．このコンピュータを経路（route）を管理する機械という意味で**ルータ**（**router**），経路を求める作業をルーティング（routing）と呼ぶ．単位となる（小さな）ネットワークは複数のコンピュータとルータとから構成され，その（小さな）ネットワーク以外のコンピュータへの通信はルータを経由して行われる．このようなルータ 4 台とそれに接続された 4 台のコンピュータが相互接続され，のちにインターネットとなるルーティングされた相互接続ネットワークが作られたのが 1969 年であった．その後このネットワークは学術分野，そして商用の一般分野へと広がり，情報社会の基盤をなすまでに成長している．

実際のルーティングにおいては，個々のルータが全世界のすべてのネットワークを知っているわけではない．そこで各ルータは，自分から到達できるルータを常に調べておき，中継するデータごとにどのルータへ再送出すればよいかを決める作業を行っている（図 10.5）．この再送出経路は木構造となるので，この作業をスパンニングツリー（spanning tree）アルゴリズムと呼んでいる．

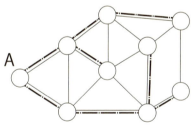

ルータ A を根とするスパンニングツリー構造の例
図 10.5　ルータのネットワーク

(b) コンピュータの住所

初期のコンピュータ利用の時代から，コンピュータには親しみやすい名前をつけるのが慣わしであった．その伝統はインターネットに引き継がれたが，番号（IP アドレス）によるコンピュータの特定との橋渡しが必要となる．初めのころは，ユーザが管理組織にコンピュータ名を電子メールで送ると，割り当てられた IP アドレスと「現在世界中に存在するすべてのコンピュータのアドレスと名前の表」が送り返されてくる仕組みであった．原理的には

これで充分であるが，接続するコンピュータ数の増加によりすぐに運用困難となった．そこで開発されたのが，コンピュータ名とIPアドレスの対応表を階層的に管理する分散システム「**ドメイン名システム**」(Domain Name System, **DNS**) である．

DNSでは，個々のDNSサーバが"自分の守備範囲"の対応表のみを管理する．そのサーバの情報は"自分より上位のDNSサーバ"が知っている．また自分より下位のDNSサーバの情報を保持している．このようにして，DNSサーバ全体が木構造を構成している．木構造の根（root）にあたるものとして，全世界で13のルートサーバ群が置かれている．

個々のコンピュータが別のコンピュータと通信する場合，あらかじめ相手のIPアドレスがわかっていなければ，まずルートサーバに問い合わせる．すると最も大括りのドメインのDNSサーバ名が返ってくるので，次にそのサーバに問い合わせる．すると，次の段階のドメインのDNSサーバ名が返ってくる．以下同様にして，最後に目的のコンピュータのIPアドレスが返ってくるので，そこへの通信を始める（図10.6）．IPアドレスの世界になれば，ルータのネットワークを通じた通信ができることになる．

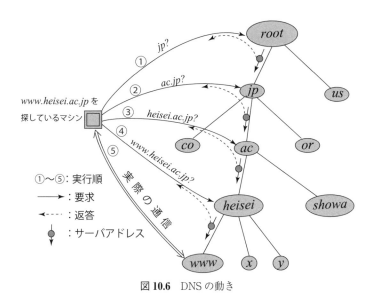

図 **10.6** DNS の動き

（c）インターネットの全容

現代のインターネットは，IP アドレスと DNS の仕組みにより動いている．そこで重要なのは管理の階層化と柔軟性である．全世界に広まったインターネットでは，多数のコンピュータの接続・廃止や名前の変更が時々刻々と行われている．接続台数は 2015 年に 49 億台と見積もられており，その変更頻度も大変に高い．また今後はさまざまな機器の接続が見込まれており，管理の柔軟性と頑健性が求められる．この状況に適応するためには，管理を階層化し，DNS サーバやルータの新設や廃止に，動的かつ柔軟に対応できる必要がある．実際この 2 つの構造については，許容時間内に "最適な値と配置" に落ち着くようなアルゴリズムが開発されてきている．現代では車や携帯機器のような移動体もインターネットに組み入れることが要求されてきており，この基盤構造の整備・開発が進められている．

10.2.4　ネットワーク社会

（a）有線通信網

複数のコンピュータを通信線で結んで情報をやりとりする要求は，コンピュータの社会への普及とともに強まった．最も初期には，通常の電話線にデジタル信号を載せるパソコン通信と呼ばれる形態が運用された．そこでは，特定のサーバに多数のユーザが接続する形が多かった．通信速度は，初期的には 300 bps 程度であったが，最終的には 33,600 bps にまで上った．

インターネットの普及にともなって，基幹の高速回線から各家庭や事業所への接続が必要となるが，この場合もまず利用されたのが通常の電話回線である．DSL と呼ばれるこの方式による通信速度は，基地局との距離によっても変動するが数 M 〜 10 Mbps 程度であった．DSL による接続によって，一般使用者によるインターネット利用が急速に進んだ．その後は光ファイバーや同軸ケーブルなどの高速通信路が普及し，インターネット利用はますます盛んになることになる．

（b）無線通信網

以上の流れはデータが通信線を通して送られる有線通信である．これとはまったく別に，任意の場所間での通信を行う無線通信が研究され開発されていた．ごく初期的には軍事目的であったが，そのうちに車載システムになり，

さらに個人が携帯できるまでに小型化された．それと並行して，扱うデータもアナログ音声，デジタル音声，そして一般のデジタル信号となり，インターネットへの接続も可能となった．また，このような「携帯機器」の流れとは別に，通常の利用における機器相互間の無線接続の技術も進歩し，Wi-FiやBluetoothといった近距離無線接続が一般化してきている．これを利用することにより，携帯機器から直接にインターネット接続する代わりに，地域に設置されたWi-Fi設備を経由して接続する利用も広まっている（図10.7）．

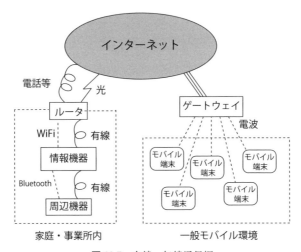

図 10.7　有線・無線通信網

　以上述べたとおり，現代では点と線の集まりというよりは，すべての場所に通信の網がかぶせられており，文字どおりいつでもどこでもインターネットへの接続が可能な状況となっている．さらに，スマートフォンを始めとする携帯可能な端末が一般市民にまで普及した．これは，インターネット上に蓄積されたデータの利用とその処理とが常に可能であることを意味しており，真の情報社会への扉がすでに広く開けられていると言っても過言ではないのである．

10.3　計算力とその効果

　コンピューティングは，自動化計算機械としてのコンピュータの性能の発

展と，その上で動くソフトウェアの理論的発展によって，目覚ましい進歩を
とげており，現在でもその勢いは止まっていない．この動きは社会の質的変
化をももたらそうとしている．

10.3.1 計算力の増大

第4章では実際の計算機械としてのコンピュータの歴史的発展を見た．そ
の中でも VLSI をベースとした中央処理装置の能力向上は，他の工業製品と
は比べものにならないほどに大きい．図 4.17 では基板上の配線幅が年とと
もに指数関数的に縮小していること，および，その効果によって基板上の
ゲート数も指数関数的に増加していることが示されている．このことにより，
わずか 40 年ちょっとの間に，1つのチップの計算能力が約 100 万倍になっ
ていることがわかる．さらに最新のスーパーコンピュータでは，このような
チップを 100 万個のレベルで使用するので，全体としての計算能力は 10 兆倍，
つまり 10 の 13 乗倍にもなっている．この計算力は何をもたらすであろうか．

10.3.2 計算力の利用

もともとコンピュータは，人間の数値計算能力を拡大するために開発され
た．最初の自動式コンピュータの1つである ENIAC は，弾道計算を実際の
弾丸が飛ぶより速く実行できた．これ以降，複雑な光路計算が必要な光学系
の設計，膨大な要素数を必要とする複雑な形状の計算などにとどまらず，イ
ンターネットの発展に伴う大量のデータの自動分析などに応用されてきてい
る．この傾向は，従来人間が得意としてきた分野，たとえば状況の全体的な
把握や画像・テキストの傾向分類，複雑大規模な問題での最適解を求める問
題などにも及んできている．その状況の例を示しておく．

(a) 気象予報

コンピュータによる天気予報は 1980 年頃から始まった．その基本原理は，
大気と地面とを一定の区画ずつに分割し，各区画とそれに隣接する区画との
相互作用を表す方程式に従って，その変化を求めてゆくことである（図
10.8）．微分方程式と呼ばれるこの方程式自体はそれほど複雑な計算ではな
いが，問題は区画の個数である．地球全体を対象としている計算である全球
モデルでは，地球全体に対して，水平方向に 20 キロメートルごと，垂直方

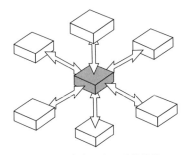

図 10.8　気象現象の計算単位

向に 1 キロメートルごとに 100 キロメートルまでの計算点を設定する．地球の表面積は約 5 億平方キロメートルなので，水平方向には 5 億/400 で約 130 万の分割となる．結局このモデルでは，約 1 億 3000 万個の各区画について，空気の密度，移動方向（風），気圧，温度，水蒸気量などを扱う超巨大計算が必要となる．

　数値予報のアイデアは古くからあったが，扱うパラメタが非常に多いのでコンピュータの登場を待つことになる．ENIAC でもすでに予報の実験が行われていたが，具体的な成果はスーパーコンピュータの登場以降となる．日本の気象庁が IBM704 を使用して数値予報を開始したのは 1959 年であるが，計算速度は毎秒わずか 40,000 回であり，極めて粗いモデルしか計算できなかった．その後，数値予報に使用できるコンピュータの性能はどんどん高くなり，1990 年には毎秒 32 億回，2015 年には 4 京（= 4×10^{16}）回程度になっている．この能力向上と，数値計算の方式の改良とによって現代の数値予報が支えられている．

(b) ニューラルネットワーク

　情報処理の分野では，解法を求めてそれに従って計算をするのが普通であるが，解法自体がよくわからないので"正しい解に近づいてゆく"方法で問題解決を行うこともある．一般にこれらは近似解法と呼ばれるが，解の候補を設定し，評価を行ってそれを改良してゆく．ほとんどの場合は改良の方向が不明であり，多数回の計算を行うことが必要となる．そこで大きな計算力が必要とされることが多い．この方向の例として，ニューラルネットワーク（**neural network**）がある．

　人間の脳細胞の大部分は神経

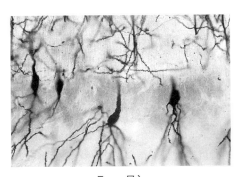

ニューロン
©AFP/BSIP/SERCOMI

細胞ニューロンからできているが，それぞれが，多数の入力を受け取って，その入力の総和がある一定量以上のときに次の細胞に出力を出す働きをもっている（図 10.9）．

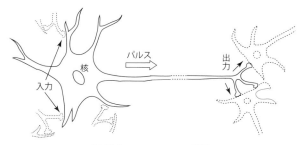

図 10.9 ニューロンの構造

そして，多数回の刺激伝達によって，伝達経路が"信号が通りやすくなる"ように変化する．神経細胞のこの変化とその定着が，人間が物事を学習したり記憶したりする作用となって現れると言われている．

これを情報システムとしてシミュレートし，記憶や認識の作用の実現を目指すのがニューラルネットワークである．ニューラルネットワークでは，多数のニューロンとニューロン同士を結合するシナプスと呼ばれる伝達素子を用いる．各ニューロンは，入力するシナプスからの信号の総和がある値（しきい値）を越したときに"発火"し，自身のシナプスを通じて他の多数のニューロンに信号を送る．この動作を全体として多数回行うが，何か有用な状況が実現できた場合には，そのときに発火に寄与したシナプスの信号の通りやすさが増大する．この変化によってネットワーク全体が何かを認識したり理解したりすることを目指す研究が進められている（図 10.10）．

普通のニューラルネットワークでは，たとえば原画像を入力してネットワークを動かし，最終的に出力された値の正解／不正解によって訓練を行う（教師あり学習）．しかしこれでは人間が行っているような"教えられなくても経験を積んでゆく"ような振舞いは実現できない．これに対して何層かのネットワークに対して，入力と同じ結果が出るように訓練されたネットワークを構成すると，中間層に"ある特定の対象群"に強く反応するノード（node）が生成される実験がある．これは正解によって訓練しているわけで

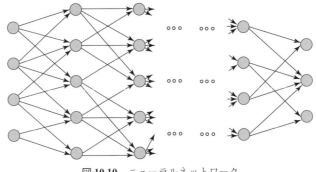

図 10.10 ニューラルネットワーク

はない(教師なし学習).このようなニューラルネットワークの機能は一般にディープラーニング(**deep learning**)と呼ばれ,21世紀に入ってから研究が急激に進んでいる.このような問題に対しては膨大な計算量が必要となる.たとえば2012年に人の顔と猫を学習したという実験では,16,000個の計算素子が計算を行い,100億個の結合パラメタを 200×200 の分解能の画像を1,000万枚使って学習した.学習時間は3日間であったという.これに要した演算回数は約 10^{22} 回程度と見積もることができる.

(c) 自己改良プログラム

本節で紹介している大規模かつ複雑度の高い計算は,実際の大きな計算力を基盤とするコンピューティング科学の成果である.別の動きとして,プログラムの質そのものを対象とした計算活動に対する研究・開発も進んできている.

遺伝的アルゴリズム(**Genetic Algorithm**)という方法では,一定の計算を実行するプログラム(のデータ表現)を多数用意し,突然変異や2プログラムの交差といった,生物学的な進化の状況を模擬した操作を行って次の世代を作成する.次世代のプログラムの中で目的の動作により近いものを残す淘汰を行ってから,さらに次の世代を作ってゆく(図 10.11).単純な最適値問題とは異なり,「目的に近い」ことの評価が難しいため,実用レベルの成果を出すのは難しいが,プログラムが自分を改良して進化するという雰囲気を醸し出す研究となっている.

ニューラルネットワークの項で触れたディープラーニングは,いろいろな

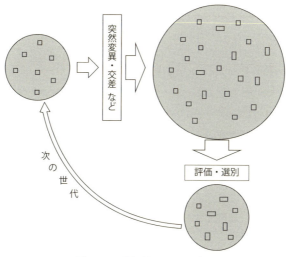

図 **10.11** 遺伝的アルゴリズム

方面に適用され，教師なし学習の分野で成果をあげつつある．2015年には囲碁において人間のプレイヤーに勝っている．その手法の第1段階は人間同士の対局の記録を多数処理して，"人間のように振る舞う"ことを学習した．次の段階では，そのプログラムの各種のパラメタを少しずつ変更して得られる多数のプログラム同士の対局を多数行い，勝率をもとにして最終的な最強プログラムを得ている．これは大まかに見れば，人間の振舞いに近いことを目安とする教師あり学習と，限定された遺伝的アルゴリズムとを組み合わせたものと考えることができる．さらに，人間が自動車を運転する場合のいろいろな入力，たとえば前方の景色，前車との距離と速度差，道路の勾配，さまざまな天候，といったものと，そのときの人間の振舞いとを膨大なデータとして記録し，それをディープラーニングの技法で学習することによって，自動運転のシステムを実現する試みが実用に近づいている．

10.4 コンピューティングの進む道

コンピューティングの歴史は，計算能力に関する理論的な話と，実際に計算を実行する物理機構の話とが，進歩発展の両輪となって進んできた．理論

202 第10章 情報システムとコンピューティング

的な話においては，きわめて複雑かつ大規模な状況になって初めて発現する項目もたくさんあるが，物理的計算機構の能力の指数関数的ともいえる進歩が，それらを現実的なものとして世に提示するようになってきている．

コンピューティングの中心的な要素の1つはアルゴリズムであるが，アルゴリズム，そしてプログラムは，実行されて効果を表すという働きのほかに，他のアルゴリズムにデータとして扱われることも可能である．この二面性が計算不可能な問題の存在証明に使われたのであった．そしてこの二面性は，プログラムが別の新しいプログラムを作り出すという可能性を与えている．遺伝的アルゴリズムはその一例である．それではプログラム自体が，実行効率や計算範囲についての改良を自ら行うことは可能であろうか．すでに囲碁対局で，限定された範囲での自己改良が可能であることが示されている．今後は，プログラムが扱うデータ（パラメタ）のみならず，プログラムの構造やアルゴリズム自体の自己改良が追求されるようになるであろう．そしてそれは，状況の認知や学習を絡めた**人工知能（artificial intelligence**）の研究分野で盛んに研究されるであろう．

人類は以上のような状況にはかつて直面したことがない．そのための研究は進んでいくであろうが，その研究のもたらすものについての不断の配慮・関心が，専門の研究者のみならず，情報社会を構成するわれわれ全員に求められているのである．

問題

10.1 人間の網膜の解像度を概算し，手元のディスプレイ機器と比較してみよ．

10.2 32ビットで表現できるIPアドレスの数を概算し，地球の総人口と比較せよ．

10.3 いわゆるFree Wi-Fiをネットワーク社会の中で位置づけてみよ．

考え事項

10.1 囲碁のゲームプレイや自動車の自動運転のためには，膨大な数の局面における人間の振舞いを入力して学習する必要がある．その理由を考えよ．

付録　計算機械の歴史

　計算を実行する機械の歴史を，電気式の自動計算機械であるコンピュータの発明前夜から示す．スーパーコンピュータは別掲した．

1642年	機械式の加算器（B. Pascal）．会計士の職を奪うとして広まらず．
1664年	機械式の乗算器（G. Leibniz）．乗算は加算の繰返しで実現．
1871年	自動計算機械「解析エンジン」の構想（C. Babbage）．アルゴリズムの概念を確立したが当時の機械製作技術では実現できず．
1889年	穿孔カード（パンチカード）による機械式自動計算機（H. Hollerith）．アメリカの国勢調査の集計期間を7年から半年に短縮．後にIBM（International Business Machines）を設立．
1930年代	ラムダ計算（A. Church）．Lambda Calculus．計算モデルの1つとなる．
1936年	チューリング機械（A. Turing）．Turing Machine．"計算"を理論的に定式化．計算を行う機構を計算モデルと呼び，ラムダ計算等の他の計算モデルとともに理論の基礎を作る．
1939年	世界初の自動電気式コンピュータABC（J. V. Atanasoff, C. E. Berry, アイオワ州立大）．真空管300本．ENIACの項参照．
1944年	リレー計算機 Mark I（H. Aiken, ハーバード大）．23桁の10進数の乗算が数秒．プログラムは紙の穿孔テープからの読込み．
1945年	プログラム記憶方式の提唱（J. von Neumann）．
1946年	真空管式自動計算機 ENIAC（J. Eckert, J. Mauchly, ペンシルベニア大）．10進10桁の数の乗算3ミリ秒．プログラムはケーブルで配線．データは穿孔カード．真空管18,800本．消費電力150 kW．（初の計算機はABCであるとの判決が1974年に出ている．）
1947年	トランジスタ（点接触型）（ベル研究所）．トランジスタではスイッチングがきわめて小さな半導体中で行われ，高い性能，高信頼性，長寿命，高生産性を実現．
1949年	プログラム記憶方式コンピュータ EDSAC（M. V. Wilkes, ケンブリッジ大）．プログラムがデータとして扱えることにより計算能力水準が上がる．
1951年	UNIVAC-I（レミントンランド社）．ENIAC に基づく初の商用コンピュータ．
1951年	トランジスタ（接合型）（W. Schokley）．点接触型より性能が安定．

204 付録 計算機械の歴史

量産向き.

1952年 IBM 701（IBM）. IBM 初の商用コンピュータ.

1952年 ETL Mark I（通商産業省工業技術院電気試験所）. 非同期式. 素子はリレー.

1953年 磁気ドラム記憶装置（IBM 650 に使用）. 10 桁の数値を 4000 個記憶. アクセス時間はミリ秒（千分の 1 秒）の単位.

1954年 パラメトロン素子（後藤英一, 東京大）. 磁気コアのパラメータ励振による分周作用を利用して記憶と多数決演算を実現.

1956年 磁気コア記憶装置（UNIVAC II に使用）. 環状のフェライトリングの磁化方向で 1 ビットを記憶. アクセス時間はマイクロ秒（百万分の 1 秒）の単位.

1956年 ETL Mark III（電気試験所）. 点接触型トランジスタを素子とする. 加算 0.56 ミリ秒.

1957年 ETL Mark IV（電気試験所）. 接合型トランジスタを素子とする. 加算 3.4 ミリ秒.

1957年 ETL Mark IVA（電気試験所）. 加算 0.24 ミリ秒. 1959 年にデータの番地修飾用のインデックスレジスタ装備.

1958年 パラメトロン計算機 PC-1（後藤英一, 東京大）. 加減算 0.4 ミリ秒.

1958年 IBM 7090（IBM）トランジスタによる商用コンピュータ.

1958年 集積回路（Integrated Circuit, IC）（J. S. C. Kilby, R. N. Noyce）. トランジスタ, 抵抗, コンデンサなどの機能単位を半導体上にまとめて作成する.

1959年 TAC（東京大）. 真空管 7000 本. ブラウン管メモリ.

1960年 パラメトロン計算機 PC-2（後藤英一, 東京大）. 加減算 0.04 ミリ秒.

1960年 初のパーソナルユースコンピュータ DEC PDP-1（Digital Equipment 社）.

1961年 初のパイプライン式コンピュータ IBM 7030（Stretch）（IBM 社）. パイプライン方式の命令実行. 1.2 MIPS（1 秒間に 120 万回の演算）.

1964年 高速コンピュータ CDC 6600（S. R. Cray, Control Data 社）. 10 個の操作ユニットが並列実行. 3 MFLOPS（1 秒間に 300 万回の浮動小数点演算）.

1964年 初のファミリー形式のコンピュータ System/360（IBM 社）. オペレーティングシステム, 仮想機械などの概念を確立するとともに, 下位コンピュータから上位コンピュータへの移行を容易にするために命令セットを共通化.

1965年 初のミニコンピュータ PDP-8（Digital Equipment 社）. 命令実行時間

付録　計算機械の歴史　205

1.5 マイクロ秒.

1965年	並列動作コンピュータ Illiac IV（イリノイ大）. 256 個の処理装置を格子状に配置した構成で超並列コンピュータのはしりとなるが実用化に 10 年を要した.
1971年	初のワンチップマイクロプロセッサ Intel 4004（Intel 社, 嶋正利）. コンピュータの主要機能を 1 つのチップにまとめた. 4 ビット. 電卓用として作られた.【動作クロック 741 kHz, 線幅 10 μm 程度. 2,300 ゲート】なお 1 μm は 100 万分の 1 メートル.
1973年	個人用 GUI コンピュータ Alto（A. C. Key, ゼロックス）. 環境としての Smalltalk を開発. パーソナルコンピュータの原型.
1974年	8 ビットマイクロコンピュータ Intel 8080（Intel 社, 嶋正利）.【2 MHz, 6 μm, 4,800 ゲート】
1976年	パーソナルコンピュータ Apple I（S. Jobs, S. G. Wozniak）. CPU は MOS テクノロジーの 6502.
1977年	パーソナルコンピュータ PET（コモドール社）. CPU は MOS6502.
1978〜1979年	16 ビットマイクロコンピュータ（Intel 8086, Motorola 68000 など）.【10 MHz, 3 μm, 29,000 ゲート（Intel 8086）】
1979年	パーソナルコンピュータ PC-8001（NEC）. Z80-A 互換の CPU. クロック 4 MHz.
1981年	パーソナルコンピュータ IBM PC（IBM）. CPU は 8088, 4.77 MHz. 64kRAM. 外部仕様の公開により多くの「IBM PC 互換機」が作られる.
1981年	パーソナルコンピュータ PC-8800（NEC）. 64KB のメモリ. N88-BASIC を ROM で搭載.
1982年	パーソナルコンピュータ PC-9801（NEC）. Intel 8086 互換の 16 ビット CPU. クロック 5 MHz.
1984年	新世代パーソナルコンピュータ Macintosh（S. Jobs, アップル社）. モトローラ M68000.【8 MHz, 3.5 μm】GUI とマルチメディア環境を実現.
1985〜1987年	32 ビットマイクロコンピュータ（Intel 80386, Motorola 68030 など）. 線幅 1 μm 程度.
1989年	Intel 80486.【50 MHz, 800 nm, 12 万ゲート】. なお 1 nm は 10 億分の 1 メートル.
1993年	Pentium（Intel 社）.【66 MHz, 350 nm, 320 万ゲート】
1997年	Pentium II（Intel 社）.【100 MHz, 250 nm, 750 万ゲート】
1999年	Pentium III（Intel 社）.【233 MHz, 180 nm, 4,400 万ゲート】

206 付録 計算機械の歴史

2000年	Pentium IV（Intel 社）．【1.4 〜 3.6 GHz, 130 nm 〜 65 nm, 5,500 万ゲート】
2001年	携帯音楽器 iPod（アップル社）．1000 曲を保持．
2005年	デュアルコア Pentium D（Intel 社）．【3.2 GHz, 90 nm】
2006年	2 〜 4 コア CPU Core 2（Intel 社）．【3.3 GHz, 65 nm 〜 45 nm, 2 億 9000 万ゲート】
2007年	携帯端末 iPhone（アップル社）．iPod + phone + net の機能．
2008年	4 コア CPU Core i7（Intel 社）．【3.3 GHz, 45 nm 〜 32 nm, 約 10 億ゲート】
2010年	タブレット端末 iPad（アップル社）．
2011年	6 コア CPU Core i7 Extream（Intel 社）．【3.3 GHz, 32 nm, 約 23 億ゲート】
2012年	8 コア CPU Itanium（Intel 社）．【2.5 GHz, 32 nm, 約 31 億ゲート】
2014年	15 コア CPU Xeon E7（Intel 社）．【2.8 GHz, 32 nm, 約 43 億ゲート】

★スーパーコンピュータ（スパコンと略）

　演算装置，処理装置の多重化，超多重化とデータのベクトル化によって処理能力を高めたコンピュータ．大規模数値計算やシミュレーションに利用される．なお示した性能は代表的な機器構成によるもの．FLOPS は秒あたりの浮動小数点演算実行数．M = Mega (10^6)，G = Giga (10^9)，T = Tera (10^{12})，P = Peta (10^{15})．

1976年	パイプライン方式のスーパーコンピュータ Cray-1（クレイリサーチ社）．流れてゆくデータに次々と処理を施すパイプライン方式の演算装置を 12 個備える．スーパーコンピュータのはしり．80 MFLOPS．
1982年	FACOM VP-100（富士通）ベクトル型．250 MFLOPS．
1982年	HITAC S-810（日立）ベクトル型．630 MFLOPS．
1983年	NEC SX-1（日電）ベクトル型．1.2 GFLOPS．
1983年	Cray X-MP/4（クレイリサーチ社）．ベクトル型．941 MFLOPS．
1985年	Cray-2/8（クレイリサーチ社）．フロン冷却．3.9 GFLOPS．
1989年	Grape-1（杉本大一郎，東京大）．専用設計のパイプラインによる重力多体計算専用機．240 MFLOPS．
1989年	NEC SX-3（日電）ベクトル型．23.2 GFLOPS．
1991年	Grape-3（東京大）．15 GFLOPS．
1998年	Grape-5（東京大）．Grape-3（1991）の改良型．1 TFLOPS．
1998年	NEC SX-5（日電）多重 CPU．ベクトル型．128 GFLOPS．

付録 計算機械の歴史 207

2002年	地球シミュレータ（日電）. 35.86 TFLOPS.
2006年	TSUBAME（日電等, 東京工業大）. 85 TFLOPS.
2009年	地球シミュレータ2代目（日電）. 1.3 PFLOPS.
2012年	京（けい, 富士通, 理研）. 約10 PFLOPS.
2012年	Grape-8（東京大）. 960 GFLOPS.
2012年	Titan（クレイリサーチ社）. 17.6 PFLOPS.
2013年	天河2号（中国国防技術大学）. 約34 PFLOPS.
2013年	TSUBAME（日電等, 東京工業大）. 約17 PFLOPS.
2016年	神威太湖之光（中国）. 約93 PFLOPS.

索 引

［あ行］

アセンブラ（assembler）　176
　　——語　175
アラビア数字　12
アルゴリズム（algorithm，算法）　9, 78
移植性（portability）　177
1進法　54
遺伝的アルゴリズム（Genetic
　Algorithm）　200
意味（semantics）　80
　　——誤り（semantic error）　165
インタフェース（interface）　168
インデックス付け（indexing）　97
演算装置（arithmetic unit）　63
エントロピー（entropy）　47
オクテット　55
小倉百人一首　22
オペレーティングシステム（Operating
　System, OS）　74

［か行］

解析エンジン　71, 203
ガウス　94
加算器　203
数を数える　4
数え上げ型　165
貨幣　2
上の句　22
仮数　14
関係データベース（relational database）
　188
関数（function）　87
桿体細胞　190
記憶装置（memory unit）　61
機械語　175
奇偶性（parity）　174
記号（symbol）　25, 29, 134

　　——計算（symbolic computation）　29
記号列（string）　29
起承転結　19
基数ソート　112
決まり字　23
　　——構造　36
逆問題（inverse problem）　139
教師あり学習　199
教師なし学習　200
行列　191
局所最適戦略　151
近似　13
　　——多項式　191
クイックソート（quick sort）　111
空間計算量　93
空列（empty string）　30
組合せ回路（combinatorial circuit）　58
位取り　12
クロック（clock）　65
京　207
計算（computing）　3
計算科学（computing science）　3
計算機科学（computer science）　3
計算機構　90
計算モデル（computation model）　79
計算量（computational complexity）　93
　　——のオーダ（order）　100
形式化（formalization）　133
桁上げ先読み方式　67
桁上げ予測方式　67
桁落ち　28
決定的（deterministic）　122
ゲーデル（K. Gödel）　126
ゲート（gate）　59
　　——遅れ（gate delay）　59
限界値戦略　152
言語（language）　80
建築物　2

210 索引

コア　70
語彙（vocabulary）　80
高水準言語　179
構造化（structuring）　19, 86
構文（syntax）　80
　——誤り（syntax error）　164
誤差　13, 27
後藤英一　204
固有値　191
コンパイラ（compiler）　177, 179
　——言語　177
コンピュータネットワーク（computer
　network）　192

[さ行]

再帰（recursion）　90, 147
再計算の抑制　95
最大値　103
最長共通部分文字列　113
サーチ　96
サブルーチン（subroutine）　87
3原色　190
3項関係　16
サンプリング（sampling）　190
時間計算量　93
磁気コア記憶装置　204
磁気ドラム　204
時刻表　2
自己矛盾プログラム　129
事象　44
指数　14
　——計算量（exponential order）　120
自然言語（natural language）　81
実数型　165
嶋正利　205
下の句　22
シャノン（C. E. Shannon）　39
集積回路（integrated circuit, IC）　71,
　204
12進法　53
16進法　12
出現順　7
10進表記（decimal representation）　53

10進法　53
出力（output）　63
　——装置（output device）　63
巡回セールスマン問題　126
順序回路（sequential circuit）　60
条件判定処理　10
乗算器　203
状態（state）　136
　——遷移（state transition）　136
　——遷移図（state transition diagram）
　136
情報（information）　3, 39
　——処理（information processing）　3
　——量　118
神威太湖之光　207
真偽値　33
真空管　71
人工言語（artificial language）　81
人工知能（artificial intelligence, AI）　77,
　202
信頼性（reliability）　160
真理値表（truth table）　34
錐体細胞　190
推論（inference）　182
数値計算（numerical computation）　26
数値予報　198
スーパーコンピュータ（スパコン）　70,
　73, 206
スパンニングツリー（spanning tree）
　193
スリーステートバッファ　62
制御装置（control unit）　64
制御変数　83
整数型　165
生成・検査法（generator-tester method）
　142
精度　27, 83
正の字を書く　5
整列（sort）　102, 117
全加算器（full adder）　57
線形探索　97
宣言的（declarative）プログラム言語
　181

索引　211

穿孔カード　203
選択整列（selection sort）　105
双安定（bistable）　60
ソフトウェア（software）　160
　——テスト技法　161
　——の信頼性　160

[た 行]

大規模 LSI（VLSI）　72
対数　40
　——の底　40
代入（assignment）　11
タイムシェアリングシステム（TSS）　74
代用記号　12
多項式計算量（polynomial order）　119
多項式時間還元可能（polynomial time
　reducible）　124
探索（search）　30, 96
段数　65
単調（monotonic）　141
地球シミュレータ　207
逐次処理　10, 83
逐次接近型　140
逐次分割　145
抽象化（abstraction）　85, 133
チューリング機械　203
聴覚　189
詰込み問題　120
鶴亀算　181
停止判定プログラム　128
停止問題（halting problem）　127
ディープラーニング　200
データ（data）　3, 40
　——の型　165
手続き（procedure）　87
　——的（procedural）プログラム言語
　181
天河 2 号　207
等確率　46
東京大学　204
動作の並列化　68
等式言語（equation language）　180
動的計画法（Dynamic Programming）

115
トップダウン（top down）　147
ドメイン名システム（Domain Name
　System, DNS）　194
巴戦　135
トランジスタ（transistor）　71, 203
トランジスタ（接合型）　203

[な 行]

ナップザック問題　126
名前の宣言　165
2 項関係（binary relation）　16
二者択一　44
2 進符号化　54
2 進法（binary system）　12, 54
2 分探索（バイナリサーチ，binary
　search）　99, 141
入力（input）　63
　——装置（input device）　63
ニュートン・ラフソン法（Newton-Raphson
　method）　142
ニューラルネットワーク　198
認知科学（cognitive science）　77
熱力学の第 2 法則　47

[は 行]

バイト　55
バイナリサーチ　→　2 分探索
パイプライン方式　69
背理法　130
バカサーチ　97
バカソート　105
バケットソート　112
バス（bus）　62
パスカル（B. Pascal）　71, 203
パソコン通信　195
パターン（pattern）　30
ハフマン符号化（Huffman coding）　51
バブルソート　111
バベッジ（C. Babbage）　71, 203
ハミルトン閉路問題　126
早口言葉　4
パラメトロン　204

212 索引

半加算器（half adder） 57
番地（アドレス） 61
パンチカード機械 71
半導体 71
反復実行 172
反復処理 10
光ファイバー 191
非決定的（non-deterministic） 122
非数値計算（non-numerical computation）
　29
ビット（bit） 44
微分可能（differentiable） 142
微分方程式 191
ビュー 188
評価関数（evaluation function） 150
フィボナッチ関数 115
不確実さ 40
副プログラム（subprogram） 87
符号（コード，code） 14
　——化（coding） 50
　——化（encoding） 54
物理表現 57
浮動小数点数 14, 27
部品化 10
フリップフロップ（flip-flop） 60
プログラム（program） 64, 81
　——記憶方式 203
　——言語（programming language） 81
　——の自動合成（program synthesis）
　170
　——の文書化（documentation） 163
プロトコル（protocol） 191
文（sentence） 80
分割交換整列 111
分割統治（divide and rule） 107
文法（grammar） 80
平均情報量 46, 49
併合整列（merge sort） 109
閉世界仮説（closed world assumption）
　184
変数（variable） 11, 82
　——名 11
ボトムアップ（bottom up） 147

ホレリス（H. Hollerith） 71, 203

［ま行］

マージソート 109
命題（proposition） 17, 33
　——変数 17
　——論理 137
文字型 165
文字符号（character code） 14
　——集合（character code set） 14
　——表（character code table） 14
文字列マッチング 112
モデル 1, 2
　——化 2
問題解決（problem solving） 133

［ら行］

ラムダ計算 203
離散量 13
リレー 71
累算器（ACC） 175
ルータ（router） 193
ルーティング（routing） 193
ループ不変量（loop invariant） 173
レジスタ（register） 61
連続量 13
連立1次方程式 134, 190
論理 137
　——型 165
　——式充足問題（Satisfying Problem,
　SAT） 125

［欧文］

ABC 203
abstraction → 抽象化
ACC → 累算器
AI（artificial intelligence） → 人工知能
Aiken, H. 203
algorithm → アルゴリズム，算法
Alto 205
and 34
ANDゲート 62
Apple I 205

索引　213

arithmetic unit　→　演算装置
artificial language　→　人工言語
assembler　→　アセンブラ
assignment　→　代入
Atanasoff, J. V.　203
Babbage, C.　→　バベッジ
Berry, C. E.　203
binary relation　→　2項関係
binary search　→　2分探索，バイナリ
　　サーチ
binary system　→　2進法
bistable　→　双安定
bit　→　ビット
Bluetooth　196
BM法　113
bottom up　→　ボトムアップ
bus　→　バス
CDC 6600　204
character code　→　文字符号
　　── set　　文字符号集合
　　── table　　文字符号表
Church, A.　203
clock　→　クロック
closed world assumption　→　閉世界仮説
code　→　符号，コード
coding　→　符号化
cognitive science　→　認知科学
combinatorial circuit　→　組合せ回路
compiler　→　コンパイラ
computation model　→　計算モデル
computational complexity　→　計算量
computer network　→　コンピュータ
　　ネットワーク
computer science　→　計算機科学
computing　→　計算
　　── science　→　計算科学
control unit　→　制御装置
Cook, S　125
Core 2　206
CPU（Central Processing Unit）　70
Cray, S. R.　204
Cray-1　206
data　→　データ

DEC PDP-1　204
decimal representation　10進表記
declarative　→　宣言的
deterministic　→　決定的
differentiable　→　微分可能
divide and rule　→　分割統治
DNS（Domain Name System）　→　ドメ
　　イン名システム
documentation　→　プログラムの文書化
DSL　195
Dynamic Programming　→　動的計画法
Eckert, J.　203
EDSAC　203
empty string　→　空列
encoding　→　符号化
ENIAC　197, 203
entropy　→　エントロピー
equation language　→　等式言語
ETL Mark I/III/IV/IVA　204
evaluation function　→　評価関数
exponential order　→　指数計算量
flip-flop　→　フリップフロップ
FLOPS　73
formalization　→　形式化
Fortran　166
　　──モニタ　74
full adder　→　全加算器
function　→　関数
gate　→　ゲート
　　── delay　→　ゲート遅れ
generator-tester method　→　生成・検査
　　法
Genetic Algorithm　→　遺伝的アルゴリ
　　ズム
Gödel, K.　→　ゲーデル
grammar　→　文法
Grape-1/3/5/8　206, 207
half adder　→　半加算器
halting problem　→　停止問題
Hollerith, H.　→　ホレリス
Huffman coding　→　ハフマン符号化
IBM 701/7090　204
IBM-PC　205

214　索引

Illiac IV　205
indexing　→　インデックス付け
inference　→　推論
information　→　情報
──── processing　→　情報処理
input　→　入力
──── device　→　入力装置
Integrated Circuit, IC　→　集積回路
Intel 4004/8080/8086
Intel 80386/80486　205
interface　→　インタフェース
Inverse problem　→　逆問題
IP4　193
iPad　206
iPhone　206
iPod　206
IP アドレス　193
Jobs, S.　205
jpeg　190
Key, A. C.　205
Kilby, J. S. C.　204
KMP 法　113
k 進法　53
Lambda Calculus　203
language　→　言語
LCS（Longest Common Subsequence）
　113
Leibniz, G.　203
Levin, L　125
Longest Common Subsequence　→　LCS
loop invariant　→　ループ不変量
Macintosh　205
Mark I　203
Mauchly, J.　203
memory unit　→　記憶装置
merge sort　→　併合整列
monotonic　→　単調
Motorola 68000/68030　205
mp3　190
natural language　→　自然言語
Newton-Raphson method　→　ニュート
　ン・ラフソン法
non-deterministic　→　非決定的

Nondeterministic Polynomial　123
non-numerical computation　→　非数値
　計算
not　34
Noyce, R. N.　204
NP　124
────完全問題（NP-complete problem）
　125
────困難（NP hard）　126
────問題　123
numerical computation　→　数値計算
Operating System, OS　→　オペレー
　ティングシステム
or　34
order　→　計算量のオーダ
OR ゲート　62
OS（Operating System）　→　オペレー
　ティングシステム
output　→　出力
──── device　→　出力装置
P　124
P = NP 問題　124
P ≠ NP 予想　124
parity　→　奇偶性
Pascal, B.　→　パスカル
pattern　→　パターン
PC-1/2　204
PC-8001/8800/9801　205
Pentium　205
Pentium D　206
polynomial order　→　多項式計算量
polynomial time reducible　→　多項式時
　間還元可能
portability　→　移植性
problem solving　→　問題解決
procedural　→　手続き的
procedure　→　手続き
program　→　プログラム
──── synthesis　→　プログラムの自動
　合成
programming language　→　プログラム
　言語
proposition　→　命題

protocol → プロトコル
quick sort → クイックソート
recursion → 再帰
register → レジスタ
relational database → 関係データベース
reliability → 信頼性
router → ルータ
routing → ルーティング
S-810　206
sampling → サンプリング
Satisfying Problem, SAT → 論理式充足問題
Schokley, W.　203
search → 探索
selection sort → 選択整列
semantic error → 意味誤り
semantics → 意味
sentence → 文
sequential circuit → 順序回路
Shannon, C. E. → シャノン
software → ソフトウェア
sort → 整列
spanning tree → スパンニングツリー
state → 状態
── transition → 状態遷移
── transition diagram → 状態遷移図

string → 記号列
structuring → 構造化
subprogram → 副プログラム
subroutine → サブルーチン
SX-1/3/5　206
symbol → 記号
symbolic computation → 記号計算
syntax → 構文
── error → 構文誤り
System/360　205
TAC　205
Titan　207
top down → トップダウン
transistor → トランジスタ
truth table → 真理値表
TSS → タイムシェアリングシステム
TSUBAME　207
Turing, A.　203
UNIVAC-I　203
variable → 変数
VLSI → 大規模LSI
vocabulary → 語彙
von Neumann, J.　203
VP-100　206
Wi-Fi　196
Wilkes, M. V.　203
Wozniak, S. G.　205
X-MP/4　206

[著者略歴]

1944年　東京に生まれる

1967年　東京大学理学部物理学科卒業

1981年　東京大学理学部情報科学科助教授

1988年　東京大学教養学部教授，理学博士

2007年　放送大学教授

現　在　東京大学名誉教授，放送大学名誉教授

著訳書　プログラミングセミナー（1985，共立出版）

　　　　ソフトウェア（1986，オーム社）

　　　　プログラミングの方法（1988，岩波書店）

　　　　コンピュータグラフィックス（監訳，1993，日刊工業新聞社）

　　　　情報（編集，2006，東京大学出版会）

　　　　情報学の新展開（2012，放送大学教育新興会）

　　　　計算事始め（2013，放送大学教育新興会）

　　　　コンピューティング（共著，2015，放送大学教育振興会）

コンピューティング科学 新版

　2017年9月21日　初　版
　2021年9月21日　第2刷

著　者　川合　慧

発行所　一般財団法人 東京大学出版会

　　　　代　表　者 吉見俊哉

　　　　153-0041 東京都目黒区駒場4-5-29
　　　　電話 03-6407-1069／FAX 03-6407-1991
　　　　振替 00160-6-59964

印刷所　三美印刷株式会社
製本所　誠製本株式会社

©2017, Satoru Kawai

ISBN 978-4-13-062142-7　Printed in Japan

JCOPY 〈出版者著作権管理機構 委託出版物〉
本書の無断複写は著作権法上での例外を除き禁じられています．
複写される場合は，そのつど事前に，出版者著作権管理機構（電
話 03-5244-5088, FAX 03-5244-5089, e-mail : info@jcopy.or.jp)
の許諾を得てください．

情報　第2版　東京大学教養学部テキスト	山口和紀 編	A5 判/1900 円
Python によるプログラミング入門 　東京大学教養学部テキスト 　アルゴリズムと情報科学の基礎を学ぶ	森畑明昌	A5 判/2200 円
14 歳からのプログラミング	千葉　滋	A5 判/2200 円
情報科学入門　Ruby を使って学ぶ	増原英彦 他	A5 判/2500 円
MATLAB/Scilab で理解する数値計算	櫻井鉄也	A5 判/2900 円
スパコンプログラミング入門［DVD 付］ 　並列処理と MPI の学習	片桐孝洋	A5 判/3200 円
並列プログラミング入門 　サンプルプログラミングで学ぶ 　OpenMP と OpenACC	片桐孝洋	A5 判/3400 円
スパコンを知る 　その基礎から最新の動向まで	岩下武史・片桐孝洋・高橋大介	A5 判/2900 円
ユビキタスでつくる情報社会基盤	坂村　健 編	A5 判/2800 円

ここに表示された価格は本体価格です．御購入の
際には消費税が加算されますので御了承下さい．